普通高等教育软件工程专业教材

计算机操作系统实践指导
（openEuler 版）

主　编　秦　光　曾陈萍　岳付强

副主编　柳　刚　程重雄　范　礼

中国水利水电出版社
www.waterpub.com.cn
·北京·

内 容 提 要

本书作为"操作系统原理"创新实践教材,以国产操作系统 openEuler 为核心载体,构建"基础操作—原理验证—工程运维"三阶实验体系,通过 26 个实验项目打通操作系统理论认知与产业应用的实践闭环。全书分为 3 部分:openEuler 基础篇(3 个实验)聚焦 openEuler 的安装与基础操作;操作系统原理篇(13 个实验)覆盖进程管理、存储算法等核心机制的模拟与实现;操作系统实践篇(10 个实验)贯通系统运维、网络服务等工程能力的培养。

本书具有以下特色:一是国产化深度适配,系统地融合 openEuler 与操作系统原理的实践教程,适配华为认证体系;二是双主线能力进阶,通过"原理编程+运维实战"双路径,同步提升理论理解与工程技能;三是模块化弹性设计,实验梯度分层,支持高校教学与工程师培训的灵活选做需求。

本书可作为普通高等院校计算机相关专业操作系统教学的实践教材,也可作为华为 openEuler 认证的参考书籍和系统运维管理人员的参考书。

图书在版编目(CIP)数据

计算机操作系统实践指导:openEuler 版 / 秦光,曾陈萍,岳付强主编. -- 北京:中国水利水电出版社,2025. 4. -- (普通高等教育软件工程专业教材).
ISBN 978-7-5226-3389-3
Ⅰ. TP316.85
中国国家版本馆 CIP 数据核字第 20256W070U 号

策划编辑:寇文杰　责任编辑:鞠向超　加工编辑:黄振泽　封面设计:苏敏

书　名	普通高等教育软件工程专业教材 计算机操作系统实践指导(openEuler 版) JISUANJI CAOZUO XITONG SHIJIAN ZHIDAO (openEuler BAN)
作　者	主　编　秦　光　曾陈萍　岳付强 副主编　柳　刚　程重雄　范　礼
出版发行	中国水利水电出版社 (北京市海淀区玉渊潭南路 1 号 D 座　100038) 网址:www.waterpub.com.cn E-mail:mchannel@263.net(答疑) 　　　　sales@mwr.gov.cn 电话:(010)68545888(营销中心)、82562819(组稿)
经　售	北京科水图书销售有限公司 电话:(010)68545874、63202643 全国各地新华书店和相关出版物销售网点
排　版	北京万水电子信息有限公司
印　刷	三河市德贤弘印务有限公司
规　格	184mm×260mm　16 开本　15.25 印张　390 千字
版　次	2025 年 4 月第 1 版　2025 年 4 月第 1 次印刷
印　数	0001—1000 册
定　价	46.00 元

凡购买我社图书,如有缺页、倒页、脱页的,本社营销中心负责调换
版权所有·侵权必究

前　言

　　"操作系统原理"是计算机专业中一门非常重要的基础专业课程，内容涉及面广，理论性较强，要掌握操作系统的原理和实现方法，仅靠理论学习是不够的，须结合实践操作，配合相应的实验，将理论知识和实践操作结合起来，才能理解和掌握操作系统的精髓。编者根据多年教学经验，结合国产操作系统 openEuler 编写本书，旨在培养学生的综合素质、创新意识，使其掌握操作系统的基本原理、国产操作系统 openEuler 的综合使用。

　　全书共分成 3 个部分。第 1 部分 openEuler 基础篇共 3 个实验：openEuler 操作系统安装、openEuler 命令行基础操作及 openEuler 文本编辑器，为第 2 部分操作系统原理的实验打下基础。第 2 部分操作系统原理篇共 13 个实验：Linux 下 C 语言使用、编译与调试，进程的创建，进程的控制，进程的互斥，进程间通信信号机制，进程的管道通信，进程通信之消息的发送与接收，进程通信之共享存储区通信，动态优先权的进程调度算法的模拟，动态分区分配方式的模拟，存储管理之常用页面置换算法模拟，磁盘调度算法模拟以及文件系统模拟，有利于读者理解操作系统的基本原理和掌握相关技术。第 3 部分操作系统实践篇共 10 个实验：用户及权限管理、软件安装、磁盘管理与文件系统、任务计划与日志管理、网络及系统服务管理、shell 脚本语言、MySQL 数据库基础、BIND DNS 服务器、Apache HTTP 服务器、网盘的安装。读者在学习 openEuler 基础使用的基础上，通过操作系统原理理论知识的相关实验，掌握操作系统的基本原理，通过深入学习和掌握 openEuler 操作系统的相关知识，进一步实现对操作系统原理的理解，具备对 openEuler 等系统运维的能力。

　　本书由西昌学院资助出版，由秦光、曾陈萍、岳付强任主编，柳刚、程重雄、范礼任副主编，深圳市讯方技术股份有限公司高级工程师戴毅、丁振强参与华为认证体系架构设计与编写工作，为本书资源建设提供支持。编写人员分工如下：秦光负责全书的统稿、修改与定稿工作，并编写实验 1、5～12、17～22、25～26，其中戴毅参与实验 17～22 的合编，丁振强参与实验 26 的合编；曾陈萍编写实验 2、4；岳付强编写实验 15～16、23；柳刚编写实验 3；程重雄编写实验 13～14；范礼编写实验 24、25，其中秦光参与实验 25 的合编。

　　在本书的编写过程中，中国矿业大学的孙宏志教授给出宝贵意见和建议，我们在此表示深深感谢。

　　在编写的过程中，编者参考了大量的文献和资源，在改进实验内容和方法方面获得了宝贵的经验，在此表示由衷的感谢。限于编者水平，书中难免存在错误和不足之处，恳请同行和广大读者，特别是使用本书的教师和学生提出宝贵意见和建议。

编　者
2024 年 8 月

目 录

前言

第 1 部分　openEuler 基础篇

实验 1　openEuler 操作系统安装 ················ 1
 1.1　实验内容 ················ 1
  1.1.1　实验目的 ················ 1
  1.1.2　实验环境 ················ 1
  1.1.3　实验要求 ················ 1
 1.2　配置虚拟机环境 ················ 1
  1.2.1　虚拟机介绍 ················ 1
  1.2.2　开启 CPU 虚拟化技术 ················ 2
  1.2.3　虚拟机软件的安装 ················ 2
 1.3　创建虚拟机 ················ 5
  1.3.1　新建虚拟机 ················ 5
  1.3.2　安装 openEuler 操作系统 ················ 8
  1.3.3　验收系统成功安装 ················ 12
  1.3.4　PuTTY 客户端登录 ················ 13
 1.4　关闭虚拟机 ················ 14
  1.4.1　快速休眠 ················ 14
  1.4.2　正常关闭 ················ 15
  1.4.3　强制退出 ················ 15
  1.4.4　快照 ················ 15
 练习题 ················ 16

实验 2　openEuler 命令行基础操作 ················ 17
 2.1　实验内容 ················ 17
  2.1.1　实验目的 ················ 17
  2.1.2　实验环境 ················ 17
  2.1.3　实验要求 ················ 17
 2.2　bash 命令行基本操作 ················ 17
  2.2.1　目录及文件基本操作 ················ 18
  2.2.2　文件查看 ················ 28
  2.2.3　输入/输出（I/O）命令 ················ 33
  2.2.4　打包和压缩命令 ················ 35
  2.2.5　进程相关命令 ················ 39
  2.2.6　其他命令 ················ 45
 练习题 ················ 50

实验 3　openEuler 文本编辑器 ················ 51
 3.1　实验内容 ················ 51
  3.1.1　实验目的 ················ 51
  3.1.2　实验环境 ················ 51
  3.1.3　实验要求 ················ 51
 3.2　vi 编辑器 ················ 51
  3.2.1　进入 vi 编辑器 ················ 51
  3.2.2　工作模式 ················ 52
  3.2.3　退出 vi 编辑器 ················ 52
  3.2.4　移动光标 ················ 52
  3.2.5　控制命令 ················ 53
  3.2.6　编辑文件 ················ 53
  3.2.7　删除字符 ················ 53
  3.2.8　修改文本 ················ 54
  3.2.9　复制粘贴 ················ 54
  3.2.10　高级命令 ················ 55
  3.2.11　文本查找 ················ 55
  3.2.12　set 命令 ················ 55
  3.2.13　运行命令 ················ 56
  3.2.14　文本替换 ················ 56
 练习题 ················ 56

第 2 部分 操作系统原理篇

实验 4 Linux 下 C 语言使用、编译与调试 ……… 57
- 4.1 实验内容 ……… 57
  - 4.1.1 实验目的 ……… 57
  - 4.1.2 实验环境 ……… 57
  - 4.1.3 实验要求 ……… 57
- 4.2 实验指导 ……… 57
  - 4.2.1 C 语言使用简介 ……… 57
  - 4.2.2 GNU C 编译器 ……… 58
  - 4.2.3 gdb 调试工具 ……… 59
  - 4.2.4 参考程序 ……… 60
- 练习题 ……… 60

实验 5 进程的创建 ……… 61
- 5.1 实验内容 ……… 61
  - 5.1.1 实验目的 ……… 61
  - 5.1.2 实验环境 ……… 61
  - 5.1.3 实验要求 ……… 61
- 5.2 实验指导 ……… 61
  - 5.2.1 进程 ……… 61
  - 5.2.2 进程映像 ……… 62
  - 5.2.3 涉及的系统调用 ……… 62
  - 5.2.4 参考程序 ……… 63
  - 5.2.5 运行结果 ……… 65
  - 5.2.6 分析原因 ……… 66
  - 5.2.7 进程树介绍 ……… 66
- 练习题 ……… 66

实验 6 进程的控制 ……… 67
- 6.1 实验内容 ……… 67
  - 6.1.1 实验目的 ……… 67
  - 6.1.2 实验环境 ……… 67
  - 6.1.3 实验要求 ……… 67
- 6.2 实验指导 ……… 67
  - 6.2.1 涉及的系统调用 ……… 67
  - 6.2.2 参考程序 ……… 69
  - 6.2.3 运行结果 ……… 69
  - 6.2.4 分析原因 ……… 70
- 练习题 ……… 70

实验 7 进程的互斥 ……… 71
- 7.1 实验内容 ……… 71
  - 7.1.1 实验目的 ……… 71
  - 7.1.2 实验环境 ……… 71
  - 7.1.3 实验要求 ……… 71
- 7.2 实验指导 ……… 71
  - 7.2.1 涉及的系统调用 ……… 71
  - 7.2.2 参考程序 ……… 71
  - 7.2.3 运行结果 ……… 72
  - 7.2.4 分析原因 ……… 72
  - 7.2.5 分析以下程序的输出结果 ……… 73
- 练习题 ……… 74

实验 8 进程间通信信号机制 ……… 75
- 8.1 实验内容 ……… 75
  - 8.1.1 实验目的 ……… 75
  - 8.1.2 实验环境 ……… 75
  - 8.1.3 实验要求 ……… 75
- 8.2 实验指导 ……… 75
  - 8.2.1 信号 ……… 75
  - 8.2.2 涉及的中断调用 ……… 76
  - 8.2.3 参考程序 ……… 78
  - 8.2.4 运行结果 ……… 79
  - 8.2.5 分析原因 ……… 79
  - 8.2.6 存在问题及解决办法 ……… 79
- 练习题 ……… 82

实验 9 进程的管道通信 ……… 83
- 9.1 实验内容 ……… 83
  - 9.1.1 实验目的 ……… 83
  - 9.1.2 实验环境 ……… 83
  - 9.1.3 实验要求 ……… 83
- 9.2 实验指导 ……… 83
  - 9.2.1 管道 ……… 83
  - 9.2.2 管道的类型 ……… 84
  - 9.2.3 涉及的系统调用 ……… 84
  - 9.2.4 参考程序 ……… 85
  - 9.2.5 运行结果 ……… 86

练习题 ………………………………………… 86
实验 10　进程通信之消息的发送与接收………… 87
　10.1　实验内容 ……………………………………… 87
　　10.1.1　实验目的 ………………………………… 87
　　10.1.2　实验环境 ………………………………… 87
　　10.1.3　实验要求 ………………………………… 87
　10.2　实验指导 ……………………………………… 87
　　10.2.1　消息 ……………………………………… 87
　　10.2.2　涉及的系统调用 ………………………… 88
　　10.2.3　参考程序 ………………………………… 90
　　10.2.4　程序说明 ………………………………… 92
　　10.2.5　运行结果 ………………………………… 93
　　练习题 ………………………………………… 93
实验 11　进程通信之共享存储区通信…………… 94
　11.1　实验内容 ……………………………………… 94
　　11.1.1　实验目的 ………………………………… 94
　　11.1.2　实验环境 ………………………………… 94
　　11.1.3　实验要求 ………………………………… 94
　11.2　实验指导 ……………………………………… 94
　　11.2.1　共享存储区 ……………………………… 94
　　11.2.2　涉及的系统调用 ………………………… 95
　　11.2.3　参考程序 ………………………………… 97
　　11.2.4　程序说明 ………………………………… 98
　　11.2.5　运行结果 ………………………………… 98
　　11.2.6　程序分析 ………………………………… 99
　　练习题 ………………………………………… 99
实验 12　动态优先权的进程调度算法的模拟…… 100
　12.1　实验内容 ……………………………………… 100
　　12.1.1　实验目的 ………………………………… 100
　　12.1.2　实验环境 ………………………………… 100
　　12.1.3　实验要求 ………………………………… 100
　12.2　实验指导 ……………………………………… 100
　　12.2.1　参考程序 ………………………………… 100
　　12.2.2　运行结果 ………………………………… 104
　　练习题 ………………………………………… 105
实验 13　动态分区分配方式的模拟……………… 106
　13.1　实验内容 ……………………………………… 106
　　13.1.1　实验目的 ………………………………… 106

　　13.1.2　实验环境 ………………………………… 106
　　13.1.3　实验要求 ………………………………… 106
　13.2　实验指导 ……………………………………… 106
　　13.2.1　存储管理 ………………………………… 106
　　13.2.2　参考程序 ………………………………… 107
　　13.2.3　运行结果 ………………………………… 111
　　13.2.4　实验总结 ………………………………… 111
　　练习题 ………………………………………… 111
实验 14　存储管理之常用页面置换算法模拟…… 112
　14.1　实验内容 ……………………………………… 112
　　14.1.1　实验目的 ………………………………… 112
　　14.1.2　实验环境 ………………………………… 112
　　14.1.3　实验要求 ………………………………… 112
　14.2　实验指导 ……………………………………… 113
　　14.2.1　虚拟存储系统 …………………………… 113
　　14.2.2　页面置换算法 …………………………… 113
　　14.2.3　参考程序 ………………………………… 114
　　14.2.4　运行结果 ………………………………… 118
　　14.2.5　分析 ……………………………………… 118
　　练习题 ………………………………………… 118
实验 15　磁盘调度算法模拟……………………… 119
　15.1　实验内容 ……………………………………… 119
　　15.1.1　实验目的 ………………………………… 119
　　15.1.2　实验环境 ………………………………… 119
　　15.1.3　实验要求 ………………………………… 119
　15.2　实验指导 ……………………………………… 119
　　15.2.1　问题概述 ………………………………… 119
　　15.2.2　整体功能及设计 ………………………… 119
　　15.2.3　参考程序 ………………………………… 120
　　15.2.4　运行结果 ………………………………… 123
　　练习题 ………………………………………… 124
实验 16　文件系统模拟…………………………… 125
　16.1　实验内容 ……………………………………… 125
　　16.1.1　实验目的 ………………………………… 125
　　16.1.2　实验环境 ………………………………… 125
　　16.1.3　实验要求 ………………………………… 125
　16.2　实验指导 ……………………………………… 125
　　16.2.1　实验原理 ………………………………… 125

16.2.2 参考程序 ································ 126
16.2.3 实验结果 ································ 137
16.2.4 实验总结 ································ 138
练习题 ··· 138

第 3 部分　操作系统实践篇

实验 17　用户及权限管理 ···················· 139
17.1 实验内容 ····································· 139
17.1.1 实验目的 ································ 139
17.1.2 实验环境 ································ 139
17.1.3 实验要求 ································ 139
17.2 实验指导 ····································· 139
17.2.1 用户管理 ································ 139
17.2.2 用户组管理 ···························· 143
17.2.3 设置文件及目录的权限及归属 ······ 146
17.2.4 ACL 的设置 ···························· 150
17.2.5 批量创建账号 ························· 153
17.2.6 查看常见用户关联文件 ············· 153
练习题 ··· 154

实验 18　软件安装 ······························ 155
18.1 实验内容 ····································· 155
18.1.1 实验目的 ································ 155
18.1.2 实验环境 ································ 155
18.1.3 实验要求 ································ 155
18.2 实验指导 ····································· 155
18.2.1 配置 YUM 源 ························· 155
18.2.2 yum 命令 ······························· 156
18.2.3 rpm 命令管理软件 ··················· 156
18.2.4 dnf 管理软件包 ······················· 157
练习题 ··· 159

实验 19　磁盘管理与文件系统 ················ 160
19.1 实验内容 ····································· 160
19.1.1 实验目的 ································ 160
19.1.2 实验环境 ································ 160
19.1.3 实验要求 ································ 160
19.2 实验指导 ····································· 160
19.2.1 磁盘基础 ································ 160
19.2.2 添加磁盘 ································ 163

19.2.3 MBR 分区表模式下磁盘
　　　 分区管理 ································ 166
19.2.4 GPT 分区表模式下的磁盘
　　　 分区管理 ································ 170
19.2.5 格式化与挂载 ························· 173
19.2.6 逻辑卷管理 ···························· 175
练习题 ··· 178

实验 20　任务计划与日志管理 ················ 179
20.1 实验内容 ····································· 179
20.1.1 实验目的 ································ 179
20.1.2 实验环境 ································ 179
20.1.3 实验要求 ································ 179
20.2 实验指导 ····································· 179
20.2.1 计划任务概述 ························· 179
20.2.2 一次性任务管理 ······················ 179
20.2.3 周期任务管理 ························· 181
20.2.4 日志管理 ································ 183
练习题 ··· 185

实验 21　网络及系统服务管理 ················ 186
21.1 实验内容 ····································· 186
21.1.1 实验目的 ································ 186
21.1.2 实验环境 ································ 186
21.1.3 实验要求 ································ 186
21.2 网络管理实验指导 ························ 186
21.2.1 主机名管理 ···························· 186
21.2.2 网络管理 ································ 187
21.2.3 防火墙管理 ···························· 194
21.3 系统服务实验指导 ························ 197
21.3.1 查看系统服务 ························· 197
21.3.2 管理系统服务 ························· 198
练习题 ··· 198

实验 22　shell 脚本语言 ······················ 199
22.1 实验内容 ····································· 199

22.1.1	实验目的	199
22.1.2	实验环境	199
22.1.3	实验要求	199

22.2 实验指导 ……………………………… 199
    22.2.1 shell 变量 …………………………… 199
    22.2.2 shell 中的特殊字符 ………………… 201
    22.2.3 条件判断与循环结构 ……………… 202
    22.2.4 批量创建和删除用户 ……………… 205
  练习题 …………………………………………… 206

实验 23 MySQL 数据库基础 ……………… 208
23.1 实验内容 ……………………………… 208
    23.1.1 实验目的 …………………………… 208
    23.1.2 实验环境 …………………………… 208
    23.1.3 实验要求 …………………………… 208
23.2 实验指导 ……………………………… 208
    23.2.1 MySQL 概述 ………………………… 208
    23.2.2 安装 MySQL ………………………… 209
    23.2.3 配置 MySQL ………………………… 210
  练习题 …………………………………………… 213

实验 24 BIND DNS 服务器 ……………… 214
24.1 实验内容 ……………………………… 214
    24.1.1 实验目的 …………………………… 214
    24.1.2 实验环境 …………………………… 214
    24.1.3 实验要求 …………………………… 214
24.2 实验指导 ……………………………… 214
    24.2.1 DNS 概述 …………………………… 214
    24.2.2 安装 BIND DNS 服务器并进行
           基本的配置 ……………………… 215
    24.2.3 BIND 基本配置 …………………… 215
    24.2.4 BIND 正向解析实例 ……………… 217
    24.2.5 BIND 反向解析实例 ……………… 218
    24.2.6 区域文件的归属组设置 …………… 219

    24.2.7 客户端测试 ………………………… 220
  练习题 …………………………………………… 221

实验 25 Apache HTTP 服务器 …………… 222
25.1 实验内容 ……………………………… 222
    25.1.1 实验目的 …………………………… 222
    25.1.2 实验环境 …………………………… 222
    25.1.3 实验要求 …………………………… 222
25.2 实验指导 ……………………………… 222
    25.2.1 Apache HTTP 服务器概述 ……… 222
    25.2.2 Apache 安装配置 …………………… 222
    25.2.3 配置 Apache 服务 ………………… 223
    25.2.4 安装 WordPress …………………… 225
  练习题 …………………………………………… 229

实验 26 网盘的安装 ……………………… 230
26.1 实验内容 ……………………………… 230
    26.1.1 实验目的 …………………………… 230
    26.1.2 实验环境 …………………………… 230
    26.1.3 实验要求 …………………………… 230
26.2 实验指导 ……………………………… 230
    26.2.1 Nextcloud 简介 ……………………… 230
    26.2.2 安装的流程 ………………………… 230
    26.2.3 安装基础工具 ……………………… 230
    26.2.4 下载 Nextcloud 安装包 …………… 231
    26.2.5 安装 Apache 服务器 ……………… 231
    26.2.6 安装 PHP …………………………… 231
    26.2.7 安装 MySQL 数据库 ……………… 231
    26.2.8 防火墙设置 ………………………… 232
    26.2.9 安装 Nextcloud 应用 ……………… 232
    26.2.10 结果验证 ………………………… 232
  练习题 …………………………………………… 235

参考文献 ……………………………………… 236

第 1 部分 openEuler 基础篇

实验 1 openEuler 操作系统安装

1.1 实验内容

1.1.1 实验目的

（1）了解常用的虚拟机（Virtual Machine，VM）软件。
（2）掌握虚拟化环境 VirtualBox 的安装。
（3）掌握 openEuler 操作系统在虚拟机环境下的安装部署。

1.1.2 实验环境

1. Oracle VM VirtualBox7.0

在 Windows 环境下安装虚拟化环境，从 VirtualBox 官网下载 VirtualBox-7.0.0-153978-Win.exe 版本。

2. openEuler

openEuler 是一个开源、免费的 Linux 发行版平台，通过开放的社区形式与全球的开发者共同构建一个开放、多元和架构包容的软件生态体系。实验以 openEuler 22.03 LTS 版本为例进行介绍，需从 openEuler 官网下载 openEuler-22.03-LTS-x86_64-dvd.iso 镜像文件。

1.1.3 实验要求

要求掌握 VirtualBox 软件和 openEuler 操作系统的安装。

1.2 配置虚拟机环境

1.2.1 虚拟机介绍

虚拟机指通过软件模拟的具有完整硬件系统功能的、运行在一个完全隔离环境中的完整计算机系统。

在实体计算机中能够完成的工作在虚拟机中都能够实现。在计算机中创建虚拟机时，需要将实体计算机的部分处理器、硬盘和内存容量作为虚拟机的处理器、硬盘和内存容量。每个虚拟机都有独立的 CMOS、硬盘和操作系统，可以像使用实体计算机一样对虚拟机进行操作。常用的虚拟机软件有 VirtualBox、VMware、Hyper-V、KVM、Xen、OpenVZ、Lguest 等，本书以 VirtualBox 为例配置虚拟环境。

VirtualBox 是一款开源虚拟机软件，最初由美国 SUN 公司开发，后来 SUN 被 Oracle 公司收购，VirtualBox 现更名为 Oracle VirtualBox。VirtualBox 可以在 Windows、Linux、Solaris 等多个平台上运行。它不仅具有丰富的特色，而且性能也很优异。

1.2.2 开启 CPU 虚拟化技术

虚拟化技术目前主要依赖于计算机的中央处理器（Central Processing Unit，CPU）型号及基本输入/输出系统（Basic Input/Output System，BIOS），进入 BIOS 通常是在开机时按 F2、F12 或 Delete 等键，不同型号的计算机有所不同，可搜索计算机型号进一步确认。进入 BIOS 后，找到 Configuration 选项，选择 Intel Virtual Technology 并按 Enter 键，将光标移至 Enabled，然后再按 Enter 键，最后保存并退出即可开启 CPU 虚拟化技术（按 F10 键）。

1.2.3 虚拟机软件的安装

首先进入 VirtualBox 下载官网，如图 1-1 所示。选择 Downloads，然后选择要下载的版本，由于本书在 Windows 环境下安装虚拟化环境，因此选择下载 Windows 主机平台VirtualBox7.0 软件包（图 1-2），版本号为 VirtualBox-7.0.0-153978-Win.exe。将软件下载至计算机的硬盘，如 E:\download 文件夹。

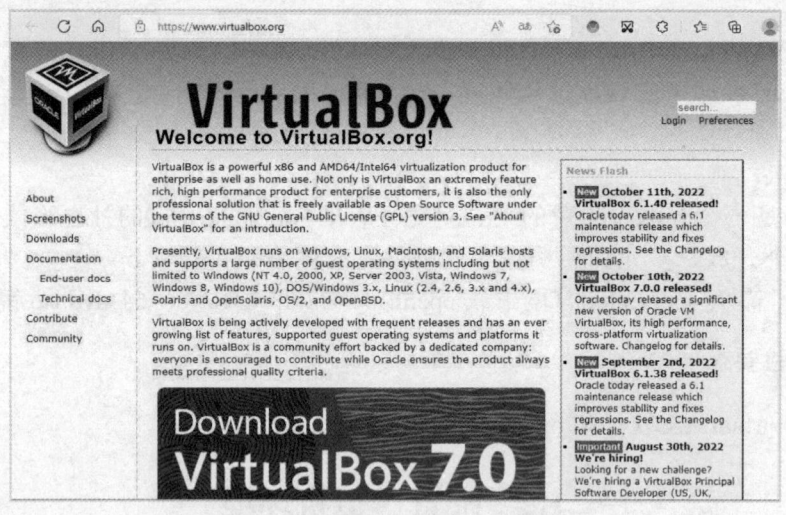

图 1-1　VirtualBox 下载官方网站

接下来双击下载的软件包，开始安装VirtualBox，如图 1-3 所示。

单击"下一步"按钮，选择安装的位置及功能，默认安装在 C:\Program Files\Oracle\VirtualBox\ 文件夹下，如图 1-4 所示。如果要更改安装路径，则单击"浏览"按钮选择安装的路径。

选择需要安装的功能。默认全选，如果不需要调整，则单击"下一步"按钮。由于安装时的主机网络功能将重置网络并暂时中断网络连接，因此会弹出警告界面，如图 1-5 所示。

单击"是"按钮，将开始安装，此时会出现缺少 Python Core 依赖的提示，如图 1-6 所示。

实验 1　openEuler 操作系统安装

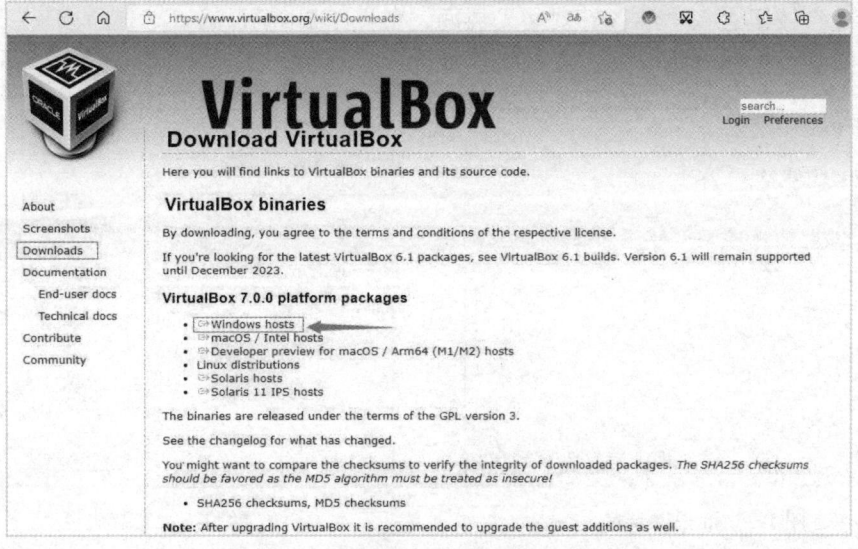

图 1-2　下载 Windows 主机平台软件包

图 1-3　开始安装 VirtualBox

图 1-4　安装位置及功能选择

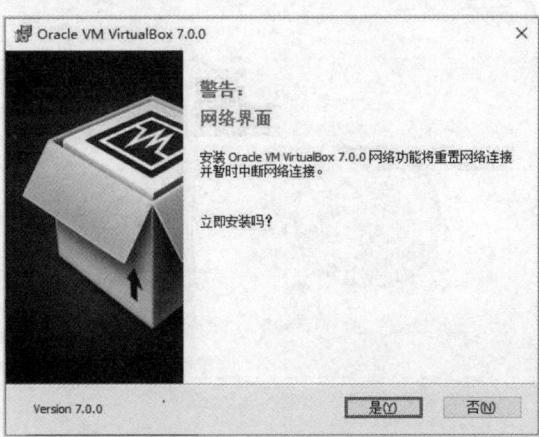

图 1-5　网络连接重置警告

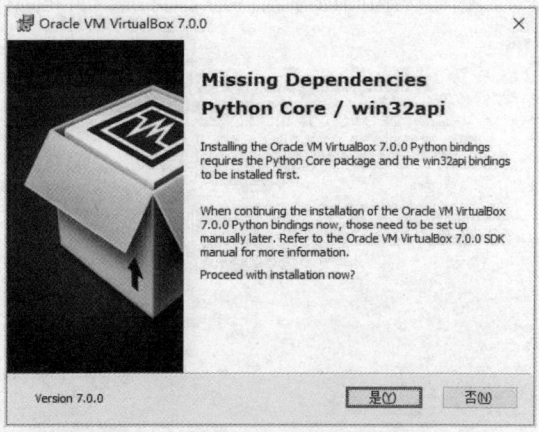

图 1-6　缺少 Python Core 依赖

单击"是"按钮进入"准备好安装"界面，如图 1-7 所示。

单击"安装"按钮开始安装，安装进度如图 1-8 所示。

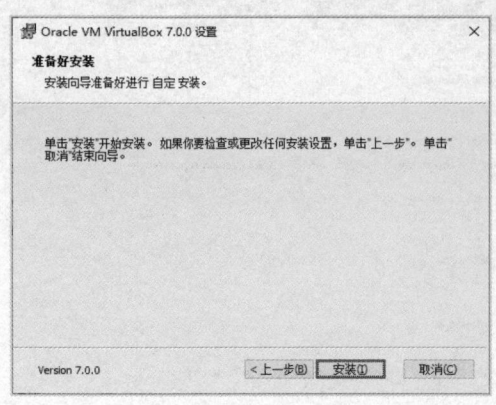

图 1-7　准备好安装

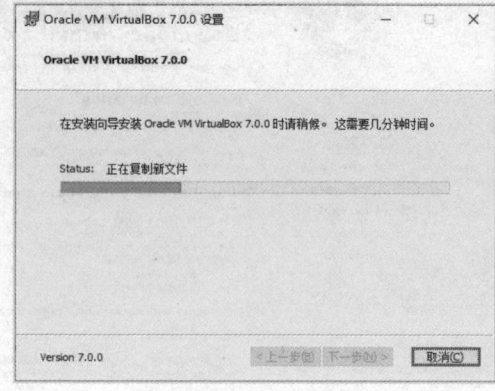

图 1-8　安装进度

安装完成如图 1-9 所示，可以勾选"安装后运行 Oracle VM VirtualBox 7.0.0"，单击"完成"按钮将立即启动软件。

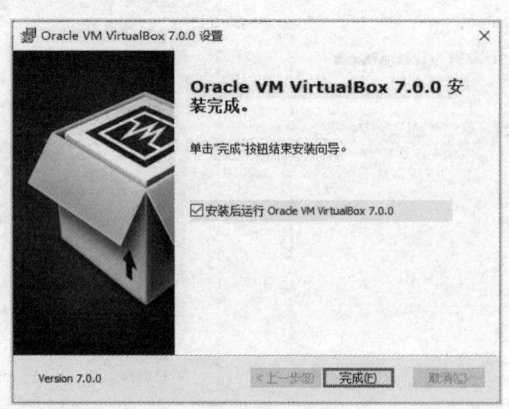

图 1-9　安装完成

启动 VirtualBox 软件后，管理器界面如图 1-10 所示。

图 1-10　VirtualBox 管理器界面

1.3 创建虚拟机

1.3.1 新建虚拟机

首先运行 VirtualBox，然后单击控制菜单的"新建"按钮，如图 1-11 所示。

图 1-11 运行 VirtualBox

弹出"新建虚拟电脑"对话框，如图 1-12 所示。

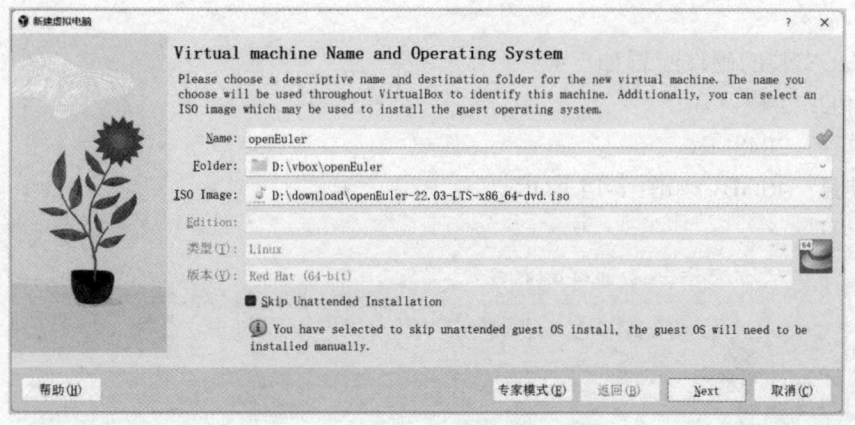

图 1-12 "新建虚拟电脑"对话框

正确选择要安装的系统，可以让 VirtualBox 帮助配置合适的硬件环境。选择新建虚拟机的名称及相关环境，其中的重点是要安装的操作系统类型。具体配置如下：

（1）Name（名称）：openEuler。
（2）Folder（文件夹）：D:\vbox\ openEuler。
（3）ISO Image（镜像文件）：D:\download\openEuler-22.03-LTS-x86_64-dvd.iso。
（4）类型（Type）：Linux 等其他类型。

（5）版本（Version）：Red Hat（64-bit）。

选择要安装的镜像文件后，虚拟机软件可以自动识别出操作系统的类型、版本。默认为无人值守安装（Unattended Installation），如果选择跳过无人值守安装（Skip Unattended Installation），则需要手动安装操作系统。

以选择"跳过无人值守"方式为例，单击 Next 按钮，进行硬件配置设备，选择内存大小及处理器数量，如图 1-13 所示。

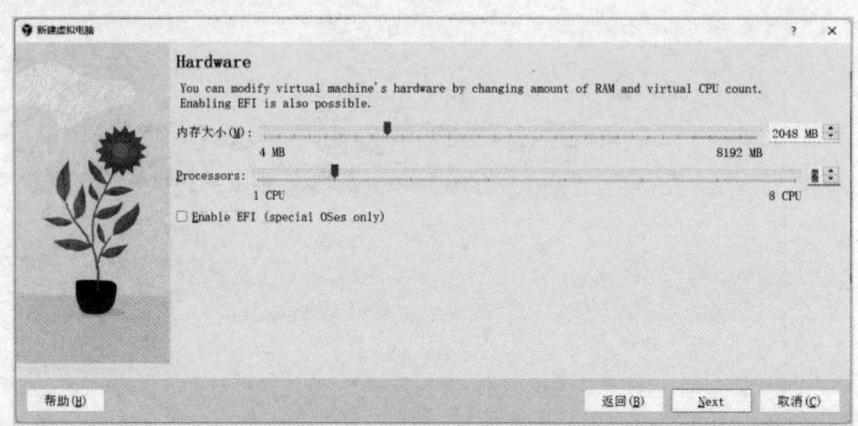

图 1-13　内存及处理器设置

如果选中 Enable EFI（special OSes only）选项，则虚拟机内将支持可扩展固件接口（Extensible Firmware Interface，EFI），某些操作系统需要启用该特性才能正常启用，但对于不支持该特性的操作系统来说，启用该特性就意味着它不能在该虚拟机内正常启动，因此请谨慎选择。

openEuler 安装的硬件配置如下：

（1）CPU：2 核。

（2）内存：2048MB。

（3）硬盘：40GB，如图 1-14 所示。

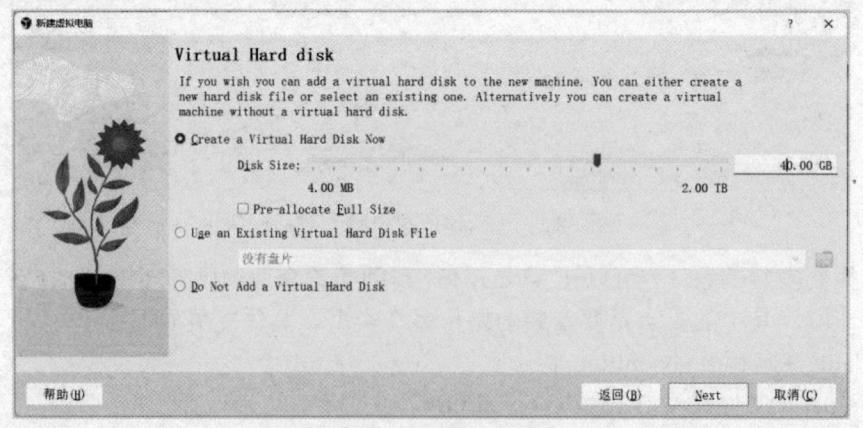

图 1-14　虚拟硬盘设置

单击 Next 按钮，显示虚拟机的摘要信息，如图 1-15 所示。

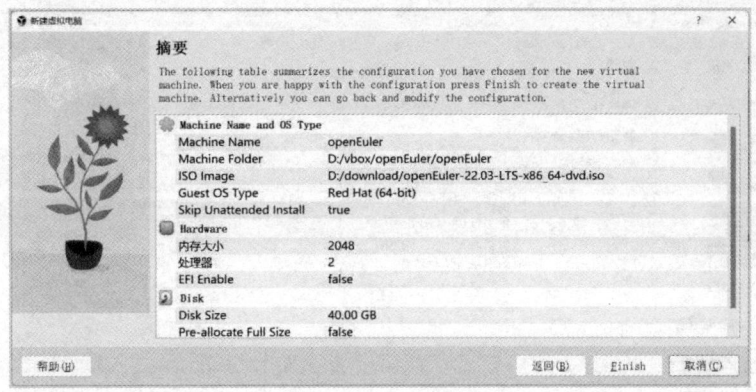

图 1-15　摘要信息

说明：VirtualBox 支持的虚拟硬盘文件类型有虚拟磁盘映像（Virtual Disk Image，VDI）、虚拟硬盘（Virtual Hard Disk，VHD）、虚拟机磁盘格式（VMware Virtual Machine Disk Format，VMDK）。其中 Oracle 的 VDI、VMware 的 VMDK、微软 Hyper-V 的 VHD。其他类型的如 Parallels HD 是 Parallels Desktop（Mac 虚拟机软件）专用虚拟磁盘格式、QEMU 增强型磁盘（QEMU Enhanced Disk，QED）是 QEMU 虚拟化平台早期推出的增强型磁盘格式，以及 QEMU 写时复制磁盘格式（QEMU Copy-On-Write，QCOW）是 QEMU 的核心虚拟磁盘格式（现主流版本为 QCOW2）。但这些类型在 VirtualBox 中不支持，可以通过相应的工具对虚拟硬盘格式进行转换。

Virtual Box 允许在创建新的虚拟硬盘文件时选择动态分配的或者固定大小的磁盘。动态分配的磁盘的创建速度更快，并且可以增长到较大的大小。固定大小的磁盘可以更快地使用，但一旦它们填充完成后，就不能增长。动态磁盘与静态磁盘之间可以相互转换。

单击 Finish 按钮，创建完成，VirtualBox 会自动进入 openEuler 虚拟机的管理窗口，如图 1-16 所示。

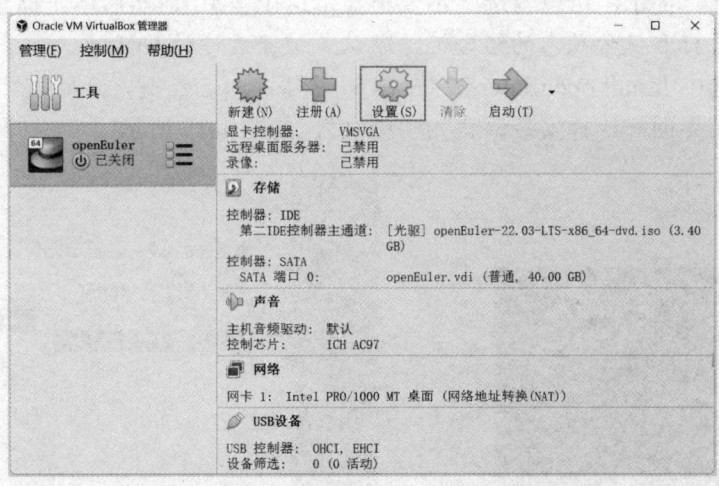

图 1-16　创建完成 openEuler 主机

单击"设置"按钮，打开"openEuler - 设置"对话框，单击"网络"按钮，配置网卡 1 的连接方式为"桥接网卡"，如图 1-17 所示。界面名称设置为当前 PC 可上网的网卡名称。单击 OK 按钮完成设置。

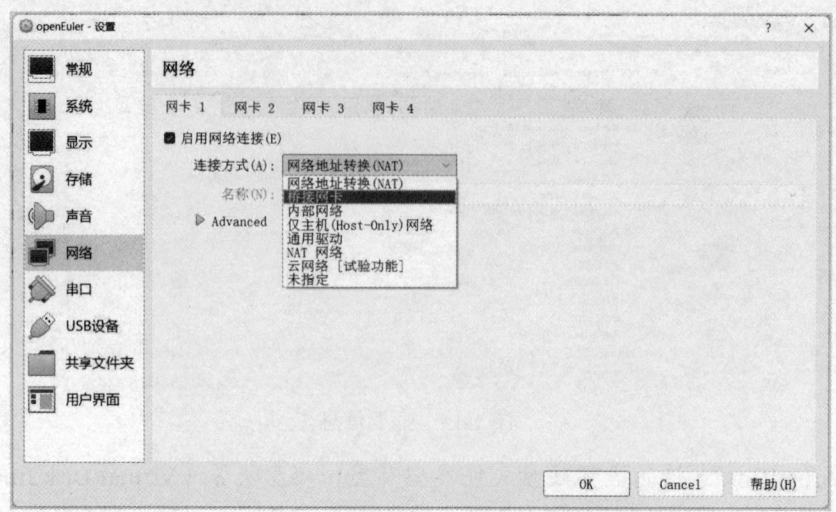

图 1-17 "openEuler - 设置"对话框

说明：网桥网卡是通过主机网卡，架设了一座"桥"，直接连入网络。因此，它使得虚拟机能被分配到网络中独立的 IP，所有网络功能完全和在网络中的真实机器一样。因为虚拟机在真实网络段中有独立 IP，主机与虚拟机处于同一网段中，彼此可以通过各自 IP 相互访问。其他设置选项不再详解，可以尝试进行相应设置。

1.3.2 安装 openEuler 操作系统

单击"启动"，开启 openEuler 虚拟机，此时系统会弹出虚拟机控制窗口，显示虚拟机开机界面后，进入如图 1-18 所示界面。

鼠标移动到 openEuler 虚拟机的控制台内，单击，使 VirtualBox 捕获鼠标。此过程可能会有"自动独占鼠标"提示，可以勾选"不要再显示这个信息"，然后单击捕获。

注意：取消鼠标和键盘独占的组合键，默认是键盘右边的 Ctrl 键。

按向上键，选中 Install openEuler 22.03-LTS，然后按 Enter 键，开始安装 openEuler，等待一会儿，进入安装界面，选择安装语言为"中文"，如图 1-19 所示。

图 1-18 虚拟机控制窗口

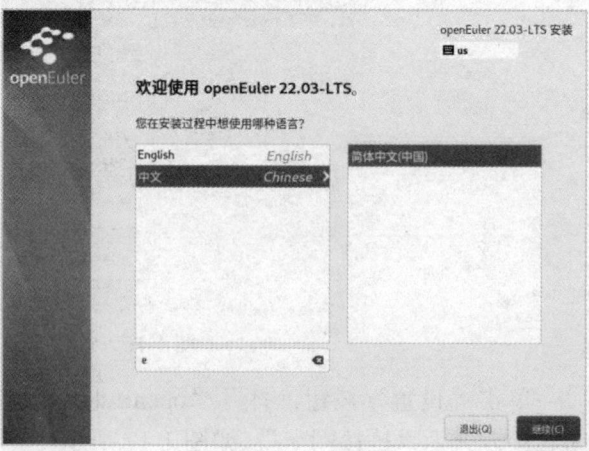

图 1-19 安装界面

单击"继续"按钮,弹出"安装信息摘要"界面,如图1-20所示。

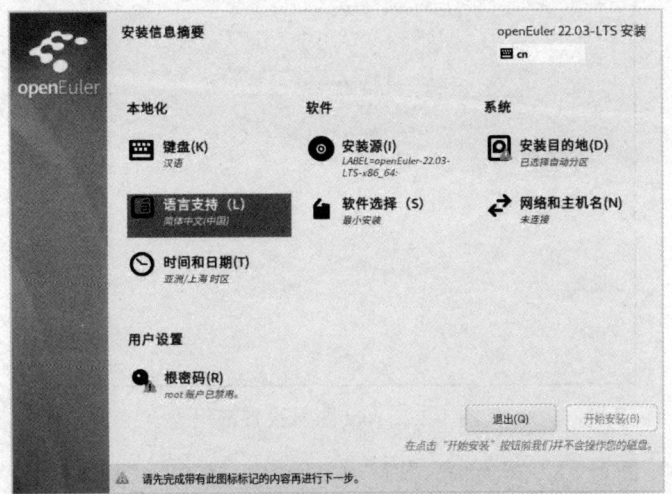

图1-20　安装信息摘要

选择"安装目的地",设置操作系统的安装磁盘及分区。此处建议选择sda,对于初学者,可以将存储配置选择为"自动",系统将自动分区,然后单击左上角"完成"按钮,如图1-21所示。

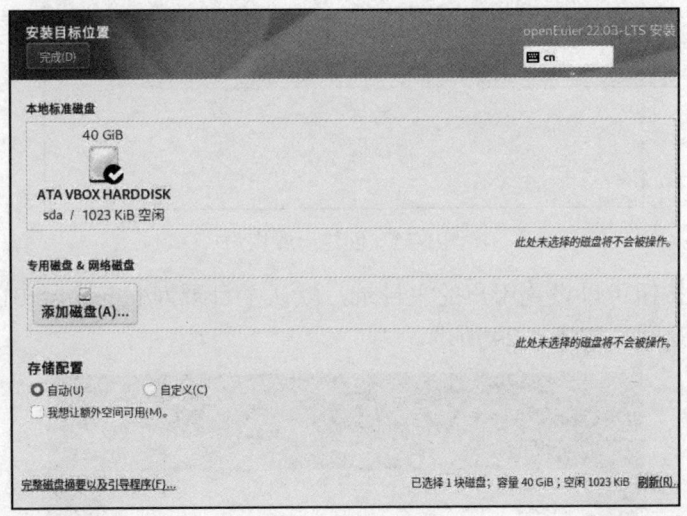

图1-21　磁盘选择

对于"键盘""安装源""语言支持""软件选择""网络和主机名""时间和日期",采取系统默认设置。

单击"用户设置"下的"根密码",对root用户设置密码。root用户是openEuler的超级用户,拥有最高权限,设置其密码以解除锁定,设置后单击"完成"按钮,如图1-22所示。

说明:root用户的主目录为/root。

通常情况下不使用root账号,需要创建一个普通用户账号。例如,创建user01用户,设置密码(密码必须符合安全性策略),如图1-23所示。

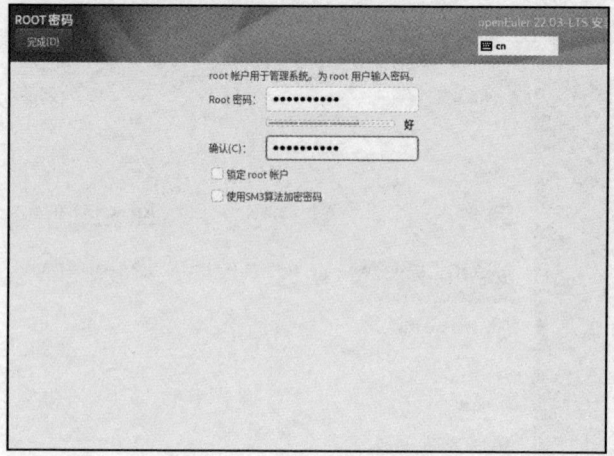

图 1-22　root 账号设置密码

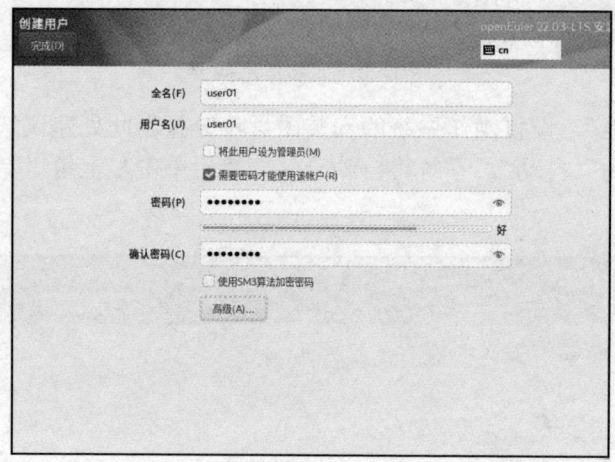

图 1-23　创建一般用户

单击"高级"按钮可以设置用户的主目录，默认主目录为/home/user01，如果不修改，则单击"取消"按钮返回，如图 1-24 所示。

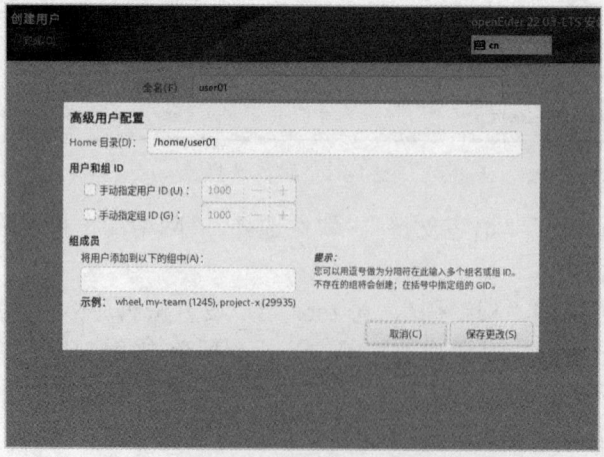

图 1-24　用户主目录

单击"完成"按钮,返回"安装信息摘要"界面,单击"开始安装"按钮,进入安装过程,安装进度如图 1-25 所示。

图 1-25　安装进度

等待系统安装完成后,右击 VirtualBox 下面的光盘图标,单击"移除虚拟盘",将 ISO 镜像光盘移除,如图 1-26 所示。

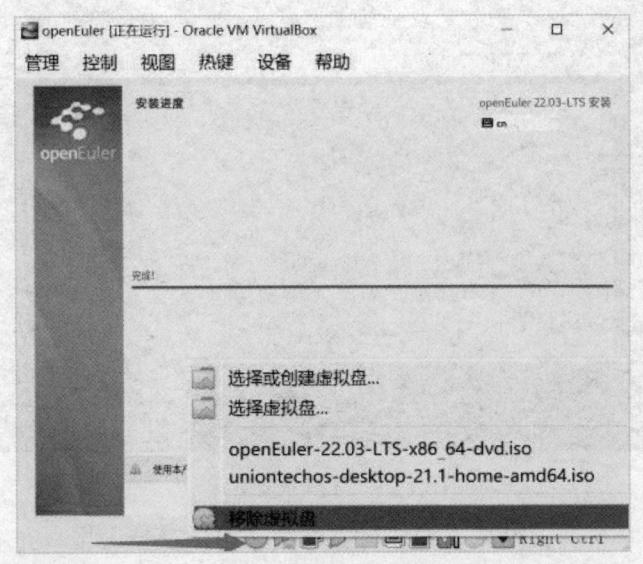

图 1-26　移除镜像光盘

说明:若未移除光盘,且系统进入了安装界面,则单击左上角的"控制"菜单下的"重启"按钮即可。

单击右下角的"重启系统"按钮。

1.3.3 验收系统成功安装

等待系统重启后，出现登录提示，如图 1-27 所示。

图 1-27　登录界面

输入用户名 root 和密码，然后按 Enter 键，即完成系统登录，如图 1-28 所示。

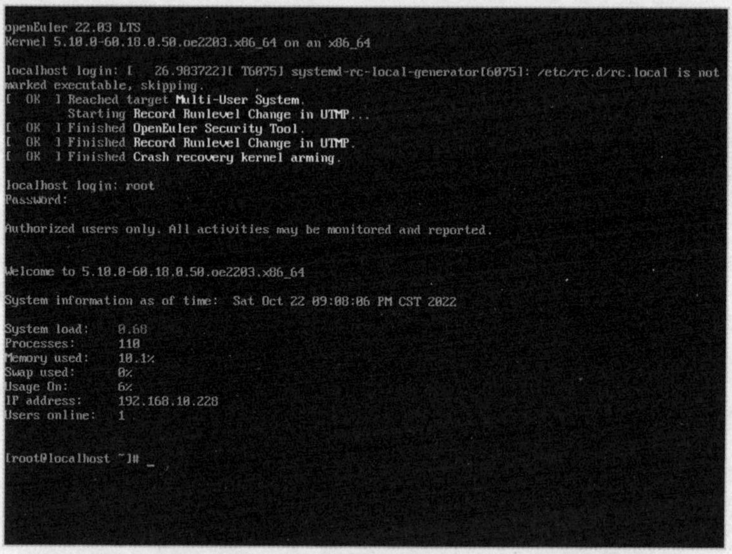

图 1-28　完成系统登录

说明：在输入密码时，系统不会有任何显示反馈，保证输入密码正确即可。登录成功显示系统提示符如下：

[root@localhost ~]#_

可以使用 su user01 命令来切换用户，由于是从 root 用户切换至一般用户，所以无须输入密码。效果如图 1-29 所示，输入 exit 命令返回。

实验1　openEuler 操作系统安装

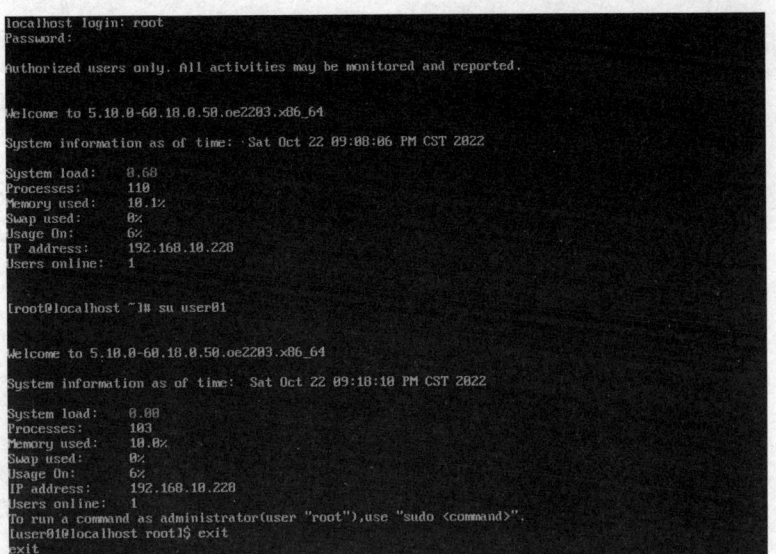

图 1-29　切换至一般用户

输入 logout 命令退出用户登录，返回登录命令提示：

localhost login:_

1.3.4　PuTTY 客户端登录

随着 Linux 在服务器端应用的普及，Linux 系统管理越来越依赖于远程。在各种远程登录工具中，PuTTY 是出色的工具之一。PuTTY 是一个免费的、Windows 平台下的 Telnet、安全外壳协议（Secure Shell，SSH）和 rlogin 客户端，可以通过官网下载。

运行 PuTTY，在 Host Name(or IP address)处输入前面登录时显示的 IP 地址，如 192.168.10.228，然后单击 Open 按钮，如图 1-30 所示。

若有弹出警告框，如图 1-31 所示，则单击 Accept 按钮。

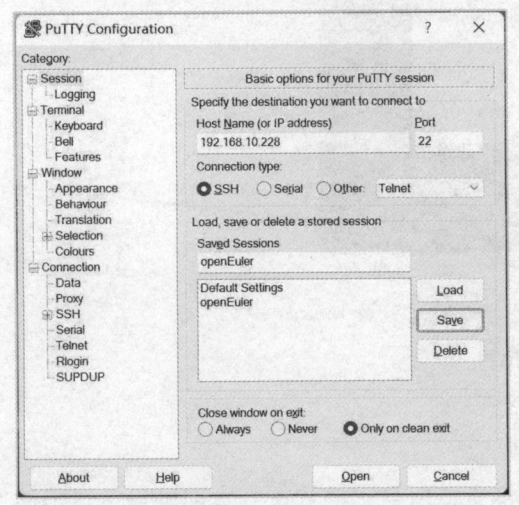

图 1-30　PuTTY 客户端登录界面

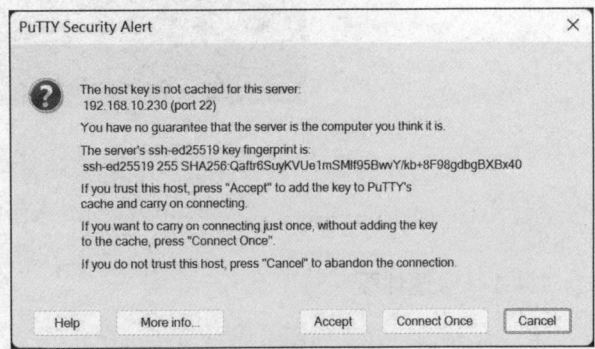

图 1-31　PuTTY 安全警告框

然后输入用户名root和密码登录系统，即可完成远程登录，如图1-32所示。可使用logout命令退出远程登录。

图1-32 完成远程登录

1.4 关闭虚拟机

当单击虚拟机窗口上的关闭按钮（窗口的右上角）时，VirtualBox会提示选择关闭方式，即"快速休眠""正常关闭""强制退出"，如图1-33所示。

图1-33 关闭虚拟机

1.4.1 快速休眠

快速休眠时，VirtualBox通过"冻结"虚拟机，将完整保存它的状态到本地硬盘上。稍后启动该虚拟机时，将恢复虚拟机到上次被关闭时的状态。保存虚拟机的状态在某些方面类似于通过扣盖的方式暂停笔记本电脑运行。

1.4.2 正常关闭

正常关闭时，VirtualBox 会发送关机信号给虚拟机，等效于在真实的计算机上按下电源按钮，将会触发虚拟机正常关机。

1.4.3 强制退出

强制退出时，VirtualBox 将停止运行该虚拟机，但是不保存其状态。

注意：这相当于拔掉真实正在运行的计算机的电源。当再次启动该虚拟机时，系统不得不重启并且开始漫长的系统磁盘检查。通常情况下不应该这么做，因为可能会导致数据丢失或与磁盘上的虚拟机状态不一致。

1.4.4 快照

通过快照可以保存虚拟机特定的状态，方便以后使用。即使在这之后对该虚拟机进行了较大的改动，都可以将虚拟机还原到该状态。

如果虚拟机正在运行，选择虚拟机窗口"控制"选项下的"生成备份"选项；如果虚拟机处于"已保存"或"已关闭"状态，选择主窗口右上方的"备份"选项卡，单击小照相机"生成"图标或右击"当前状态"选项，选中"生成"选项，弹出一个对话框，提示输入快照名称。

在快照下面，可以看到一项"当前状态"的快照，用来表示虚拟机的当前状态。如果以后再建快照，则会按时间顺序显示快照。如图 1-34 所示。

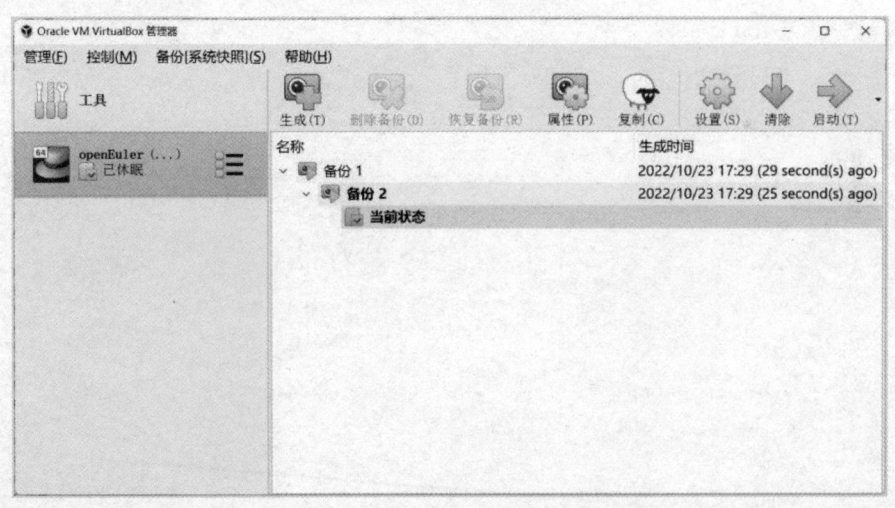

图 1-34 快照

如果要恢复到虚拟机"备份 1"状态，则选中"备份 1"后，单击"恢复备份"，将弹出提示框，勾选"创建当前虚拟机状态的备份[系统快照]"。如果不创建，当前状态将永久丢失。恢复快照如图 1-35 所示。

注意：恢复快照会影响连接到虚拟机的硬盘，当前虚拟硬盘的状态也会被还原。这意味着自该快照之后创建的所有文件都会丢失。

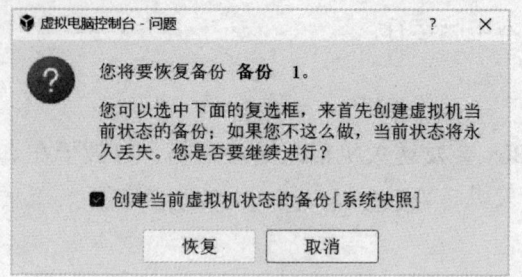

图 1-35　恢复快照

为了避免这种情况，可以通过使用 VBoxManage 接口为虚拟机添加第二块"只写"模式硬盘。用它来存数据时，"只写"模式硬盘将不会包含在快照里，虚拟机被还原时它将保持储存数据。

练 习 题

1．openEuler 系统安装时，哪些是必须配置的分区？
2．如何将文件传到虚拟机中，用哪些方法？
3．在虚拟机中如何生成备份与还原备份？

实验 2 openEuler 命令行基础操作

2.1 实验内容

2.1.1 实验目的
(1) 掌握 bash 命令的基本操作。
(2) 掌握文件管理命令的常见操作。

2.1.2 实验环境
(1) 打开 VirtualBox
(2) 启动 openEuler 虚拟机。
(3) 使用 PuTTY 远程登录 openEuler 虚拟机。

2.1.3 实验要求
要求掌握 openEuler 操作系统基本的 bash 和文件管理命令的使用。

2.2 bash 命令行基本操作

打开 VirtualBox,启动 openEuler 虚拟机,并使用 root 用户身份登录。

bash 是 UNIX shell 的一种,1987 年由布莱恩·福克斯(Brian Fox)为了 GNU 计划而编写。他在 1989 年发布第一个正式版本的 bash,能运行于大多数类 UNIX 系统的操作系统之上。Linux、Mac OS X v10.4 与 openEuler 都将它作为默认 shell。

reboot 命令可以重启 openEuler 操作系统:

```
[root@localhost ~]# reboot
```

重启之后再使用 root 账户可以重新登录到 openEuler 操作系统。

使用 logout 或 exit 命令可以退出登录:

```
[root@localhost ~]# logout
```

再次使用 root 用户重新登录到 openEuler 操作系统,使用 su 命令切换到用户 user01,带选项"-"时,可以切换至 user01 的主目录;不带选项时,工作目录仍为/root。

说明:命令后面的"#"为备注内容。

创建用户 user01,设置主目录:

```
[root@localhost ~]#useradd -d /home/user01 user01
[root@localhost ~]#passwd user01            #修改用户密码
更改用户 user01 的密码。
新的密码:
无效的密码:密码少于 8 个字符
```

重新输入新的密码:
passwd: 所有的身份验证令牌已经成功更新。
[root@localhost ~]#su user01
[user01@localhost root]$pwd   #显示当前工作目录
/root
[user01@localhost root]$ exit   #退出当前用户,回退到 root 用户
[root@localhost ~]#su - user01
[user01@localhost root]$pwd
/home/user01   #当前工作目录为 user01 主目录
[root@localhost ~]# exit   #退出当前用户 user01 登录
[root@localhost ~]#

exit 命令可以退出登录。如果经常切换用户,建议每次切换后都使用 exit 退出当前用户。
注意:
(1) Linux 命令一般是小写字串。注意大小写有别。
(2) 选项通常以减号(-)再加上一个或数个字符表示,用来选择一个命令的不同操作。
(3) 同一行可有数个命令,命令间应以分号隔开。
(4) 命令后加上&可使该命令在后台执行。

2.2.1 目录及文件基本操作

1. pwd 命令

【功能】pwd(print work directory)即打印工作目录命令,用于查看当前所在目录位置。
【语法】pwd [选项]
【主要选项】
-L:逻辑上的工作目录。
-P:物理上的工作目录。
当省略选项时,默认为-L 选项。
【实例】

[root@localhost ~]# pwd
/root   #表示当前是在/root 根目录下

2. ls 命令

【功能】ls(list directory contents)即列出目录内容命令,用于列出当前工作目录所含的文件及子目录。
【语法】ls [选项]
【主要选项】
-a:显示所有文件及目录(". "开头的隐藏文件也会列出)。
-A:同-a,列出除"."及".."以外的任何项目。
-l:除文件名称外,还会将文件类型、权限、拥有者、文件大小等详细列出。
-R:若目录下有文件,则以下文件也依序列出。
【实例】显示当前目录的文件及文件夹:

[root@localhost ~]# ls

anaconda-ks.cfg   #回显表示当前目录有一个 anaconda-ks.cfg 文件
[root@localhost ~]# ls .   #表示当前目录
anaconda-ks.cfg

【实例】显示上一级目录的文件及文件夹：

[root@localhost ~]# ls ..   #..表示上一级目录
bin   dev   home lib64   media   opt   root   sbin   sys   usr
boot   etc   lib   lost+found mnt   proc   run   srv   tmp   var

【实例】查看/tmp 目录下的文件及文件夹：

[root@localhost ~]# ls /tmp
systemd-private-121f7430dc5f450ab004a444da6fde1a-systemd-logind.service-ho9YFE

【实例】显示当前目录的所有文件及文件夹：

[root@localhost ~]# ls -a   #回显表示当前目录存在隐藏文件及目录
.   anaconda-ks.cfg   .bash_logout   .bashrc   .tcshrc
..   .bash_history   .bash_profile .cshrc

【实例】显示当前目录非隐藏的文件及文件夹详细信息：

[root@localhost ~]#ls -l
总用量 4
-rw-------. 1 root root 1386 10 月 22 18:39 anaconda-ks.cfg

【实例】显示当前目录所有文件及文件夹详细信息：

[root@localhost ~]#ls -al
总用量 36
dr-xr-x---.   2 root root 4096 10 月 22 21:23 .
dr-xr-xr-x. 19 root root 4096 10 月 22 18:34 ..
-rw-------. 1 root root 1386 10 月 22 18:39 anaconda-ks.cfg
-rw-------. 1 root root   29 10 月 22 23:30 .bash_history
-rw-r--r--. 1 root root   18 12 月 24 2019 .bash_logout
-rw-r--r--. 1 root root 176 12 月 24 2019 .bash_profile
-rw-r--r--. 1 root root 176 12 月 24 2019 .bashrc
-rw-r--r--. 1 root root 100 12 月 24 2019 .cshrc
-rw-r--r--. 1 root root 129 12 月 24 2019 .tcshrc

实例中，第一个字符代表这个文件是目录、文件或链接文件等。其中 d 表示目录，"-"表示文件，l 表示链接文件（link file）。

接下来的字符中，以三个为一组，且均为 rwx 的三个参数的组合。其中，r 代表可读（read）、w 代表可写（write）、x 代表可执行（execute）。要注意的是，这三个权限的位置不会改变，如果没有权限，就会出现减号，如表 2-1 所示。

表 2-1　权限

文件类型	属主权限			属组权限			其他用户权限		
d	r	w	x	r	-	x	r	-	x
l	r	w	x	r	-	x	r	-	x
-	r	w	x	r	-	x	r	-	x

其余显示的详细信息如图 2-1 所示。

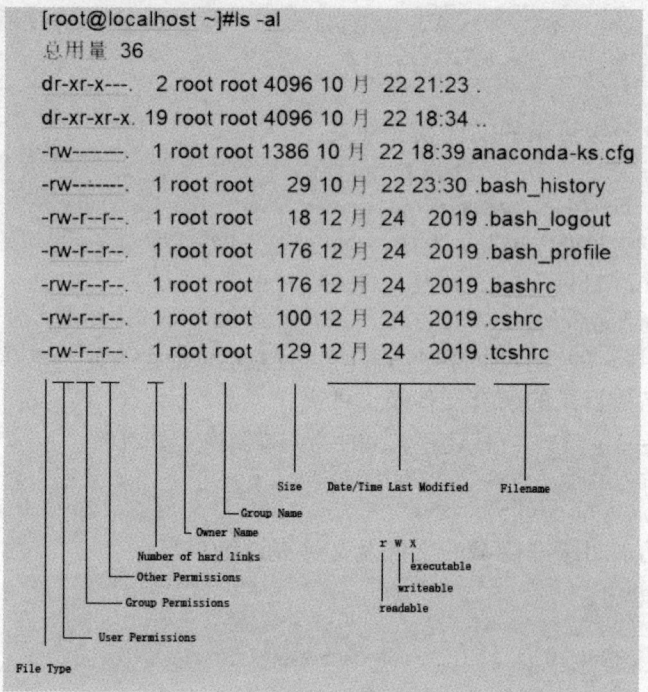

图 2-1 文件目录显示详细信息

3. cd 命令

【功能】cd（change directory）即切换目录命令，用于切换当前工作目录。

【语法】cd [目录名]

【主要选项】

目录名可为绝对路径或相对路径。若目录名称省略，则切换至当前用户的 home 目录，即用户登录时（login）所在的目录。

另外"~"也表示为 home 目录的意思，"."则是表示目前所在的目录，".."则表示目前目录位置的上一层目录，"/"表示根目录。

【实例】切换至根目录：

[root@localhost ~]#cd /	#表示根目录
[root@localhost /]#	#注意观察，"~"变成了"/"

【实例】切换到/etc/目录：

[root@localhost /]#cd /etc
[root@localhost etc]#

【实例】当前工作目录为/etc，切换到/etc/sysconfig/，可以使用相对路径方法 sysconfig：

[root@localhost etc]#cd sysconfig
[root@localhost sysconfig]#

【实例】使用绝对路径方法，切换到/etc/sysconfig/目录：

[root@localhost etc]#cd /etc/sysconfig

【实例】使用 cd ..命令切换到上一级目录：

[root@localhost sysconfig]# cd ..

```
[root@localhost sysconfig]#pwd          #显示当前目录绝对路径
/etc
```

【实例】使用 cd 命令切换到用户主目录，或称家目录：

```
[root@localhost etc]#cd
[root@localhost ~]# pwd                 #显示当前目录绝对路径
/root
```

【实例】使用 cd -命令返回进入此目录之前所在的目录：

```
[root@localhost ~]# cd -
/etc
```

【实例】使用 cd ~命令切换到用户家目录：

```
[root@localhost etc]#cd ~
[root@localhost ~]# pwd
/root
```

4. mkdir 命令

【功能】mkdir 命令（make directory）即创建目录命令，用于创建目录。
【语法】mkdir [选项] [目录名]
【主要选项】
-p：确保目录名称存在，不存在的就建一个。
【实例】当前用户为 root，在当前目录/root 下创建 test1 目录：

```
[root@localhost ~]#mkdir /root/test1    #使用绝对路径
[root@localhost ~]#ls
```

【实例】使用相对路径创建目录：

```
[root@localhost ~]#mkdir   test2        #或者 mkdir ./test2
[root@localhost ~]#ls
```

【实例】使用绝对路径创建目录：

```
[root@localhost ~]#mkdir /root/test3
[root@localhost ~]#ls
```

5. du 命令

【功能】du（disk usage）即磁盘用量命令，用于显示指定的目录或文件所占用的磁盘空间。
【语法】du [选项][目录或文件]
【主要选项】
-h 或--human-readable：以 KB、MB、GB 为单位，提高信息的可读性。
-H 或--si：与-h 选项相同，但是 KB、MB、GB 以 1000 为换算单位。
【实例】显示目录或者文件所占空间：

```
[root@localhost ~]# du
[root@localhost ~]# du -h               #以 KB、MB、GB 为单位
```

【实例】显示指定文件所占空间：

```
[root@localhost ~]# du -h anaconda-ks.cfg
```

6. echo 命令

【功能】echo 命令可以在显示器上显示一段文字，一般起到提示作用。

【语法】echo [选项] [输出内容]

【主要选项】

-n：输出之后不换行。

-e：支持反斜线控制的字符转换，前面有斜线的字符将作为转义字符，但是需要用单引号或者双引号将其包含。转义字符可参考其他帮助。

echo 可对下列反斜杠字符进行转义：

\b：退格。

\c：抑制更多的输出。

\e：转义字符。

\f：换页字符。

\n：换行。

\r：回车。

\t：横向制表符。

【实例】输出 ASCII 字符"A"：

```
[root@localhost ~]# echo -e "x41"
A
```

【实例】输出"hello   world"，两个单词之间为制表符：

```
[root@localhost ~]# echo -e "hello\tworld"
hello   world
```

【实例】覆盖 hi.txt 里面的内容。重定向">"表示覆盖，原内容被覆盖：

```
[root@localhost ~]# echo "Hello World!">hi.txt
[root@localhost ~]# ls
anaconda-ks.cfg  hi.txt  passwd  test2  test3
[root@localhost ~]# cat hi.txt
Hello World!
```

【实例】在 log.txt 中追加内容，重定向">>"表示追加，原内容不变：

```
[root@localhost ~]# echo "I love China!">>hi.txt
[root@localhost ~]# cat hi.txt
Hello World!
I love China!
```

【实例】在屏幕上显示 Hello "openEuler!"：

```
[root@localhost ~]# echo 'Hello "openEuler!"'
Hello "openEuler!"
```

注意：用单引号将其包含起来。

【实例】显示环境变量，如显示当前用户的 HOME 目录：

```
[root@localhost ~]# echo $HOME
/root
```

【实例】显示可执行文件的搜索路径：

```
[root@localhost ~]# echo $PATH
/usr/local/sbin:/usr/local/bin:/usr/sbin:/usr/bin:/root/bin
```

【实例】显示所有环境变量，可以使用 env 命令。显示更多内容可以用 env|more 或 env|grep PATH 等命令：

```
[root@localhost ~]# env
SHELL=/bin/bash
…
[root@localhost ~]# env | grep PATH
PATH=/usr/local/sbin:/usr/local/bin:/usr/sbin:/usr/bin:/root/bin
```

7. touch 命令

【功能】若文件不存在，touch 命令会建立一个新的文件。若文件存在，则修改文件或目录的时间属性，包括存取时间和更改时间。

【语法】touch [-选项][-d<日期时间>][-r<参考文件或目录>] [-t<日期时间>][--help][--version][文件或目录]

【主要选项】

-a：改变档案的读取时间记录。

-m：改变档案的修改时间记录。

【实例】在当前目录下创建一个空白文件 file1：

```
[root@localhost ~]#touch file1                #创建一个名为 file1 的新的空白文件。
[root@localhost ~]#ls -l file1                #查看文件的时间属性
-rw-r--r--. 1 root root 0 10 月 18 21:53 file1
```

【实例】原文件的修改时间为 21:53，执行 touch 命令修改文件属性，再次查看该文件的时间属性：

```
[root@localhost ~]# touch file1
[root@localhost ~]# ls -l file1
-rw-r--r--. 1 root root 0 10 月 18 21:55 file1
```

使用 touch 命令修改文件 file1 的时间属性为当前的系统时间 21:55。

说明：实验过程中显示的数据以系统时间为准，与教材有差别，请读者注意观察。

8. cp 命令

【功能】cp（copy file）即复制文件命令，主要用于复制文件或目录。

【语法】cp [选项] [源文件或目录] [目标路径]

【主要选项】

-a：此选项通常在复制目录时使用，它保留链接、文件属性，并复制目录下的所有内容。其作用等于-dR 选项组合。

-d：保留其中的符号链接和硬链接。

-f：覆盖已经存在的目标文件而不给出提示。

-i：与-f 选项相反，在覆盖目标文件之前给出提示，要求用户确认是否覆盖，若回答为 y 则目标文件将被覆盖。

-r 或-R：递归复制目录及其子目录内的所有内容。

【实例】复制 file1 到/root/test1 目录，并命名为 file1.bak：

```
[root@localhost ~]#cp file1 /root/test1/file1.bak
[root@localhost test1]#ls /root/test1
```

【实例】将目录 test1 以及其下的文件复制到/root/test2 目录下：

```
[root@localhost test1]#cp -r /root/test1 /root/test2/
[root@localhost test1]#ls /root/test2/
```

注意：复制后的目录结构为/root/test2/test1，可以使用 tree 命令查看结构。

9. scp 命令

【功能】scp 命令主要用于在本地主机和远程主机之间进行文件传输，通过使用 SSH 协议进行加密和身份验证，为文件传输提供了更高的安全性和保密性。该命令在 Linux 及 Windows 操作系统中均有提供，使用方法类似。

scp 命令常用的语法：

（1）从本地主机传输文件到远程主机。

【语法】scp [本地文件路径] [用户名]@[远程主机 IP 地址]:[目标路径]

该命令将本地主机上的文件传输到远程主机的指定目标路径。

（2）从远程主机传输文件到本地主机。

【语法】scp [用户名]@[远程主机 IP 地址]:[远程文件路径] [本地目标路径]

该命令将远程主机上的文件传输到本地主机的指定目标路径。

（3）传输整个目录。

【语法】scp -r [本地目录路径] [用户名]@[远程主机 IP 地址]:[目标路径]

使用-r 选项可以递归地传输整个目录及其内容。

（4）指定端口号。

【语法】scp -P [端口号] [本地文件路径] [用户名]@[远程主机 IP 地址]:[目标路径]

如果远程主机的 SSH 服务器端口不是默认的 22 端口，则可以使用-P 选项指定端口号。

【实例】在 VirtualBox 中复制 openEuler 虚拟机，创建另外一个虚拟机。启动两个虚拟机，然后用 scp 命令在两个虚拟机中实现文件的相互传送。假定两台主机的 IP 为 192.168.2.75（第一台）、192.168.2.76（第二台）。

当前在第一台主机，将主机下的文件/etc/passwd 传送到第二台主机/home/user01 目录下：

```
[root@localhost ~]# scp /etc/passwd root@192.168.2.76:/home/user01
Authorized users only. All activities may be monitored and reported.
root@192.168.2.76's password:
passwd                                        100% 1974     1.9MB/s   00:00
```

在第二台主机下查看/home/user01 是否成功复制：

```
[root@localhost ~]# ls /home/user01
```

当前在第一台主机，当前的工作目录为/root，要求将第二台主机下的文件/etc/shadow 传送到第一台主机的/root 目录下：

```
[root@localhost ~]# scp root@192.168.2.76:/etc/shadow /root
Authorized users only. All activities may be monitored and reported.
root@192.168.2.76's password:              #输入第二台主机 root 账号密码
shadow                                        100% 2045     1.3MB/s   00:00
[root@localhost ~]# ls shadow
```

当前在第一台主机，当前的工作目录为/root，要求将第二台主机下/root/test1 整个目录（包含下级目录及其文件）传送到第一台主机的/home/user01 目录下：

```
[root@localhost ~]# ls /home/user01
[root@localhost ~]#scp -r root@192.168.2.76:/root/test1/    /home/user01
Authorized users only. All activities may be monitored and reported.
root@192.168.2.76's password:
shadow_1                    100% 2045      1.4MB/s     00:00
passwd                      100% 1912      1.0MB/s     00:00
abc.txt                     100%   30     18.2KB/s     00:00
[root@localhost ~]# ls /home/user01
```

10. tree 命令

由于默认情况下没有安装该命令，可以使用 yum install tree 命令先进行安装：

```
[root@localhost ~]#yum install tree
```

【功能】tree 命令是一个用于显示目录结构的命令。可以用树状图的形式显示指定目录下的所有文件和子目录。

【语法】tree [选项] [目录]

【主要选项】

-a：列出所有文件。

-d：仅列出目录。

-l：遵循像目录这样的符号链接。

-R：达到最大目录级别时重新运行树。

--help：获取 tree 命令的使用说明。

【实例】在当前目录下显示目录结构：

```
[root@localhost ~]#tree
.
├── anaconda-ks.cfg
├── file1
├── test1
│   └── file1.bak
├── test2
│   └── test1
│       └── file1.bak
└── test3

4 directories, 4 files
```

【实例】仅列出目录：

```
[root@localhost ~]# tree -d
.
├── test1
├── test2
│   └── test1
└── test3

4 directories
```

11. rm 命令

【功能】rm（remove）即删除命令，用于删除一个文件或者目录。

【语法】rm [选项] [名...]

【主要选项】

-i：删除前逐一询问确认。

-f：即使原档案属性设为只读，也直接删除，无须逐一确认。

-r 或 R：将目录及以下的文件也逐一删除。

【实例】删除/root/test2/test1 目录下的 file1.bak 文件：

```
[root@localhost ~]#rm /root/test2/test1/file1.bak
rm: 是否删除普通空文件 '/root/test2/test1/file1.bak'? y         #这里输入 y，表示同意删除
[root@localhost ~]#ls /root/test2/test1
[root@localhost ~]# rm -f file1                    #-f 不给出提示信息，直接删除
[root@localhost ~]#tree                            #使用 tree 检查 file1 是否已被删除
```

【实例】rmdir 可删除空文件夹，下面用 rmdir 删除/root 目录下的非空 test1 文件夹：

```
[root@localhost ~]#rmdir /root/test1
rmdir: 删除 '/test1' 失败: 没有那个文件或目录
```

因为目录非空，所以删除失败，换用 rm 命令删除/root 目录下的非空 test1 文件夹：

```
[root@localhost ~]#rm -rf test1                    #删除非空目录可以用 rm 命令
[root@localhost ~]#ls
anaconda-ks.cfg   hi.txt   test2   test3          #将 test1 目录删除成功
```

注意：rm 命令可以删除非空目录，而 rmdir 命令无法删除非空目录。

12. mv 命令

【功能】mv（move file）即移动文件命令，用来为文件或目录改名或者将文件或目录移入其他位置。

【语法】mv [选项] [源文件或目录] [目标文件或目录]

【主要选项】

-b：当目标文件或目录存在时，在执行覆盖前，会为其创建一个备份。

-f：如果指定移动的源目录或文件与目标的目录或文件同名，则不会询问，直接覆盖旧文件。

-n：不要覆盖任何已存在的文件或目录。

【实例】复制 hi.txt 到/root/test2 目录，并将其重命名为 hi.bak：

```
[root@localhost ~]#cp hi.txt /root/test2
[root@localhost ~]#ls /root/test2
hi.txt   test1                                    #复制成功
[root@localhost ~]#mv /root/test2/hi.txt /root/test2/hi.bak
[root@localhost ~]#ls /root/test2
hi.bak   test1                                    #更名成功
```

13. ln 命令

【功能】ln（link files）即链接文件命令，是为某一个文件在另外一个位置建立一个同步的链接。链接又可分为两种：硬链接（hard link）与软链接（symbolic link）。硬链接是指一个档案可以有多个名称；而软链接的方式则是产生一个特殊的档案，该档案的内容是指向另一个

档案的位置。硬链接在同一个文件系统中，而软链接却可以跨越不同的文件系统。无论是硬链接还是软链接都不会将原本的档案复制一份，只会占用非常少量的磁盘空间。

关于软链接：

（1）软链接以路径的形式存在，类似于 Windows 操作系统中的快捷方式。

（2）软链接可以跨文件系统，硬链接不可以。

（3）软链接可以对一个不存在的文件名进行链接。

（4）软链接可以对目录进行链接。

关于硬链接：

（1）硬链接只是创建一个文件，该文件与源文件有相同的 inode 号。该文件不占用实际空间，但会增加额外的记录项以引用源文件。

（2）不允许给目录创建硬链接。

（3）硬链接只有在同一个文件系统中才能创建。

【语法】ln [选项][源文件或目录][目标文件或目录]

【主要选项】

-d：允许超级用户制作目录的硬链接。

-f：强制执行。

-i：交互模式，若文件存在则提示用户是否覆盖。

-n：把符号链接视为一般目录。

-s：软链接（符号链接）。

-v：显示详细的处理过程。

【实例】在/root 中有 hi.txt，创建 hi.txt 的硬链接到/test3，并将其命名为 file2.txt：

[root@localhost ~]#ls
anaconda-ks.cfg   hi.txt   test2   test3
[root@localhost ~]#ln hi.txt /root/test3/file2.txt
[root@localhost ~]#ls -l /root/test3
总用量 4
-rw-r--r--. 2 root root 27 10 月 18 21:42 file2.txt

【实例】创建 hi.txt 的软链接到/test3，并将其命名为 abc2.txt：

[root@localhost ~]#ln -s hi.txt /root/test3/abc2.txt
[root@localhost ~]# ls -l test3
总用量 4
lrwxrwxrwx. 1 root root   6   10 月 22 11:32 abc2.txt -> hi.txt
-rw-r- - r - -. 2 root root   27 10 月 18 21:42   file2.txt

【实例】查看文件的 inode 节点信息。hi.txt 文件的节点信息和/test3/file2.txt 的节点信息是一致的，都为 2103436。hi.txt 文件的节点信息和/test3/abc2.txt 的节点信息是不一致的：

[root@localhost ~]# ls -li
总用量 12
2098620 -rw-r--r--. 1 root root   0 10 月 18 19:58 anaconda-ks.cfg
2103436 -rw-r--r--. 2 root root   27 10 月 18 21:42 hi.txt
2098623 drwxr-xr-x. 3 root root 4096 10 月 18 22:31 test2
2098624 drwxr-xr-x. 2 root root 4096 10 月 22 11:32 test3

```
[root@localhost ~]# ls -li /root/test3
总用量 4
2103437 lrwxrwxrwx. 1 root root   6 10 月  22 11:32 abc2.txt -> hi.txt
2103436 -rw-r--r--. 2 root root  27 10 月  18 21:42 file2.txt
```

【实例】删除 hi.txt 文件，再次查看文件内容：

```
[root@localhost ~]# rm /root/hi.txt
rm: 是否删除普通空文件 '/root/hi.txt'? y
[root@localhost ~]# ls test3
abc2.txt   file2.txt
[root@localhost ~]# cat test3/file2.txt        #打开硬链接文件 file2.txt 正常
[root@localhost ~]# cat test3/abc2.txt         #打开软链接文件 abc2.txt 失败
cat: test3/abc2.txt: 没有那个文件或目录
```

注意：若强行编辑 abc2.txt 文件并保存，系统会生成 hi.txt 文件。示例如下，首先查看目录下的文件：

```
[root@localhost ~]# cd test3
[root@localhost test3]# ls
abc2.txt   file2.txt
```

使用 echo 命令回显信息并定向输出给 abc2.txt 文件，因原目录还存在硬链接，故在当前目录下生成了 hi.txt 文件：

```
[root@localhost test3]# echo "I love openEuler">abc2.txt
[root@localhost test3]# ls
abc2.txt   file2.txt   hi.txt
[root@localhost test3]# cat hi.txt
I love openEuler
```

2.2.2　文件查看

1. cat 命令

【功能】cat（concatenate）即连接命令，用于将指定的文件输出到屏幕显示。

【语法】cat [选项] [文件名]

【基本选项】

-n：由 1 开始对所有输出的行数编号。

-b：和-n 相似，只不过对于空白行不编号。

【实例】使用 cat 命令查看 hi.txt 文件的内容，并显示行号：

```
[root@localhost test3]# cat -n hi.txt
     1  I love openEuler
```

【实例】使用 cat 命令查看 passwd 文件的内容：

```
[root@localhost test3]# cd                     #切换到 root 目录
[root@localhost ~]# cp  /etc/passwd  ~         #复制指定文件/etc/passwd 到/root 目录
[root@localhost ~]#ls
anaconda-ks.cfg   passwd   test2   test3
[root@localhost ~]# cat passwd
root:x:0:0:root:/root:/bin/bash
```

```
bin:x:1:1:bin:/bin:/sbin/nologin
…
systemd-timesync:x:989:989:systemd Time Synchronization:/:/usr/sbin/nologin
user01:x:1000:1000:user01:/home/user01:/bin/bash
```

【实例】用 cat 命令查看/proc 动态文件系统目录下的文件，并辨识其中的系统信息。例如，列出 CPU 信息：

```
[root@localhost ~]cat /proc/cpuinfo
```

2. wc 命令

【功能】wc（word count），即词数统计命令，用于统计文件中的行数、字数和字节数。

【语法】wc [文件名]

【主要选项】

-c：输出字节数统计。

-m：输出字符数统计。

-l：输出行数统计。

-w：显示单词计数。

【实例】使用 wc 命令查看 hi.txt 文件的单词个数：

```
[root@localhost ~]# wc -w hi.txt
3 hi.txt
```

【实例】用 wc 命令统计 passwd 文件的行数：

```
[root@localhost ~]# cat passwd|wc -l
28
```

【实例】用 wc 命令统计物理 CPU 个数：

```
[root@localhost ~]# cat /proc/cpuinfo|grep "physical id"|sort|uniq|wc -l
1                          #物理 CPU 个数
```

【实例】查看每个 CPU 中 core 的个数：

```
[root@localhost ~]# cat /proc/cpuinfo|grep "cpu cores"|uniq
cpu cores       : 2        #CPU 中 core 的个数
```

【实例】用 wc 命令统计逻辑 CPU 的个数：

```
[root@localhost ~]# cat /proc/cpuinfo|grep "processor"|wc -l
2                          #逻辑 CPU 个数
```

说明：逻辑 CPU 数=物理 CPU 数 × 每颗物理 CPU 的核数 × 超线程数。

3. head 命令

【功能】head 命令可用于查看文件开头部分的内容，有一个常用的选项-n 用于显示行数，默认为 10，即显示 10 行的内容。

【语法】head [选项] [文件名]

【主要选项】

-v：显示文件名。

-c<数目>：显示的字节数。

-n<行数>：显示的行数。

【实例】使用 head 命令查看 passwd 文件前 10 行内容，并显示文件名：

[root@localhost ~]# head -v passwd

【实例】使用 head 命令查看 passwd 文件前 5 行内容：

[root@localhost ~]# head -n 5 passwd

【实例】使用 head 命令查看 passwd 文件前 20 个字节内容：

[root@localhost ~]# head -c 20 passwd

4. tail 命令

【功能】tail 命令可用于查看文件尾部的内容，默认显示最后 10 行。

【语法】tail [选项] [文件名]

【主要选项】

-v：显示详细的处理信息。

-c <数目>：显示最后的字节数。

-n <行数>：显示文件的尾部 n 行内容，默认显示最后 10 行。

【实例】使用 tail 命令查看文件最后 10 行内容：

[root@localhost ~]# tail passwd

【实例】使用 tail 命令查看文件最后 5 行内容：

[root@localhost ~]# tail -n 5 passwd

5. more 命令

【功能】more 命令类似 wc 命令，但是使用 more 命令会以一页一页的形式显示内容，更方便使用者逐页阅读。

【语法】more [选项] [文件名]

【主要选项】

-num：一次显示的行数。

-d：显示"-- More --"和"--用空格键继续显示，Q 键退出--"这两个提示信息。

-c：将终端清屏，并从第一行开始显示文件内容。

more 命令在使用过程中，最基本的是按空格键（Space）显示下一页内容，按 B 键显示上一页内容。而且 more 命令还有搜寻字串的功能（与文件编辑器 vi 相似），当在使用 more 命令过程中需要查看说明文件时，请按 H 键。

【实例】使用 more 命令查看文件，按空格键向下翻页，直至退出。也可以按 Q 键退出。

[root@localhost ~]# more passwd
root:x:0:0:root:/root:/bin/bash
…
lp:x:4:7:lp:/var/spool/lpd:/sbin/nologin
sync:x:5:0:sync:/sbin:/bin/sync
…
--更多--(78%)

6. less 命令

【功能】less 命令与 more 命令类似，less 命令可以随意浏览文件，支持翻页和搜索，支持向上翻页和向下翻页。

【语法】less [选项] [文件名]

【主要选项】

-e：当文件显示结束后，自动离开。

-f：强迫打开特殊文件，例如外围设备代号、目录和二进制文件。

/字符串：向下搜索字符串的功能。

?字符串：向上搜索字符串的功能。

【实例】使用 less 命令查看文件，按上下方向键翻行，按空格键向下翻页，按 Q 键退出：

[root@localhost ~]# less passwd

7. find 命令

【功能】find 命令用来在指定目录下查找文件。任何位于选项之前的字符串都将被视为欲查找的目录名。如果使用该命令时，不设置任何选项，则 find 命令将在当前目录下查找子目录与文件，并且将查找到的子目录和文件全部进行显示。

【语法】find [目录] [选项] [文件名]

【主要选项】

-name：查找指定名称的文件。

-atime n：查找在过去 n 天内被读取过的文件。

-cmin n：查找在过去 n 分钟内被修改过。

-cnewer file：查找比文件 file 更新的文件。

-ctime n：查找在过去 n 天内创建的文件。

-mtime n：查找在过去 n 天内被修改过的文件。

-size n：查找文件大小，其单位是 n，其中 b 表示 512 位元组的区块，c 表示字元数，k 表示千字节，w 是两个位元组。

【实例】查找/etc 目录下以 passwd 命名的文件：

[root@localhost ~]# find /etc -name passwd

【实例】查找/root 目录下过去两天内被修改过的文件：

[root@localhost ~]# find /root -mtime -2

【实例】查找/root 目录下属于 root 用户的文件数量：

[root@localhost ~]# find /root -user root | wc -l
19

【实例】查找/etc 目录下大于 2048KB 的文件：

[root@localhost ~]# find /etc -size +2048k

8. grep 命令

【功能】grep 命令用于查找文件里符合条件的字符串。

【语法】grep [选项] [文件名]

【主要选项】选项较多，可以通过 help 命令查看。

【实例】在指定的文件中查找字符串：

[root@localhost ~]# echo "hello world!">a.txt
[root@localhost ~]# echo "hi">>a.txt
[root@localhost ~]# echo "hello baby!">>a.txt

```
[root@localhost ~]# cat a.txt
hello world!
hi
hello baby!
[root@localhost ~]# grep   "hello"   a.txt      #等价于 cat a.txt | grep "hello"
hello world!
hello baby!
```

9. diff 命令

【功能】diff 命令用于比较文件的差异。

【语法】diff [选项] [文件1] [文件2]

【主要选项】

-b：不检查空格。

-B：不检查空白行。

-i：不检查大小写。

-w：忽略所有的空格。

--normal：正常格式显示（默认）。

--help：查看帮助。

【实例】比较 2 个文件：

```
[root@localhost ~]# echo "apple">a.txt
[root@localhost ~]# echo "banana">>a.txt
[root@localhost ~]# echo "cherry">>a.txt
[root@localhost ~]#cp a.txt b.txt
[root@localhost ~]# echo "milk">>b.txt
[root@localhost ~]# echo "water">>b.txt
[root@localhost ~]# diff a.txt b.txt
3a4,5             #在第 1 个文件的第 3 行后增加第 2 个文件的第 4、5 行的内容，两个文件才一致
> milk
> water
[root@localhost ~]# echo "milk!">>a.txt
[root@localhost ~]# diff a.txt b.txt
4c4,5             #将第 1 个文件的第 4 行修改成第 2 个文件的第 4、5 行，两个文件才一致
< milk!
---
> milk
> water
[root@localhost ~]# diff -y a.txt b.txt
apple                                                           apple
banana                                                          banana
cherry                                                          cherry
                                                              > milk
                                                              > water
```

10. which 命令

【功能】which 命令根据使用者所配置的环境变量$PATH 的目录去搜寻，不同的 PATH 配

置内容所找到的结果是不一样的。

【语法】which[选项] [文件名]

【主要选项】

-a：显示所有匹配的命令路径，而不仅仅是第一个匹配的命令路径。

-V：显示 which 命令的版本信息。

【实例】查看 pwd 命令的绝对路径：

[root@localhost ~]# which pwd

【实例】查找多个命令 gcc、g++的路径：

[root@localhost ~]# which -a gcc g++ pwd

11. whereis 命令

【功能】whereis 命令用于定位一个命令的二进制文件、源文件、手册文件。

【语法】whereis [选项] [命令名]

【主要选项】

-b：只查找可执行文件。

-m：只查找帮助文档文件。

-s：只查找源代码文件。

【实例】使用 whereis 命令查看 gcc 命令的位置：

[root@localhost ~]# whereis gcc

【实例】只查找命令的二进制程序：

[root@localhost ~]#whereis -b gcc

2.2.3 输入/输出（I/O）命令

1. 管道

【功能】管道（pipe-line）将命令一的执行结果送到命令二作为输入。

【语法】命令一 ¦ 命令二

【实例】以分页的方式列出当前目录文件及子目录名称，按空格键翻页，按 Q 键退出：

[root@localhost ~]# ls -l R | more
:
总用量 16
...
--更多--

【实例】以分页方式，列出/etc/passwd 的内容：

[root@localhost ~]#　cat /etc/passwd | more
root:x:0:0:root:/root:/bin/bash
...
--更多--

2. 标准输入重定向

【功能】改变默认的键盘输入方式，将"<"后面的文件作为输入。

【语法】command-line<file

该语句将 file 作为 command-line 的输入。

【实例】显示/etc/passwd 的内容:

[root@localhost ~]# cat</etc/passwd

上述语句等价于下列语句:

[root@localhost ~]# cat /etc/passwd

【实例】统计显示/etc/passwd 的行号:

[root@localhost ~]# wc -l </etc/passwd
38

【实例】使用标准输入重定向编写文件:

[root@localhost ~]# cat >>abc.txt <<EOF
> AAA
> BBB
> EOF
[root@localhost ~]# cat abc.txt
AAA
BBB

3. 标准输出重定向

【功能】">"或">>"改变默认的屏幕输出,前者是覆盖方式,后者是追加方式。输出重定向还可以细分为标准输出重定向和错误输出重定向两种技术。

输出即把相关对象通过输出设备(显示器等)显示出来,如表 2-2 所示。Linux 中用 0 代表标准输入,1 代表标准正确输出,2 代表标准错误输出。

表 2-2 标准输入、输出类型

类型	设备	设备文件名	文件描述符
标准输入	键盘	/dev/stdin	0
标准正确输出	显示器	/dev/stdout	1
标准错误输出	显示器	/dev/stderr	2

【语法】命令>文件或命令>>文件

(1)重定向操作符">"将命令的标准输出重定向到文件,而不是输出到显示器。文件中的任何现有内容都将被覆盖。

(2)">>"操作符将命令的标准输出追加到文件中,而不覆盖现有内容。

【实例】将 a.txt 文件的内容放入 b.txt 文件:

[root@localhost ~]# echo "1111">a.txt
[root@localhost ~]# echo "2222">>a.txt
[root@localhost ~]# echo "3333">>a.txt
[root@localhost ~]# cat a.txt
1111
2222
3333
[root@localhost ~]# cat a.txt >b.txt

```
[root@localhost ~]# cat b.txt
1111
2222
3333
```

4. 错误输出重定向

【功能】错误输出重定向，bash 命令将错误输出发送到 stderr，默认情况下，显示器作为输出终端。

【语法】">" 或 "2>>"

在标准错误重定向输出中需要注意以下几点：

（1）"2>" 和 "2>>" 中的 2 是不能省略的。

（2）带有 ">" 的命令输出将覆盖现有文件内容。

【实例】将不存在的命令 abcd 运行的错误输出放入 abc.txt 文件中：

```
[root@localhost ~]# abcd    2>abc.txt
[root@localhost ~]# cat abc.txt
-bash: abcd：未找到命令
```

【实例】查看两个文件，a.txt 存在，xyz 不存在，将输出都放入 c.txt 文件中：

```
[root@localhost ~]# cat a.txt
1111
2222
3333
[root@localhost ~]# cat a.txt xyz &>c.txt    #或者 cat a.txt xyz >c.txt 2>&1
[root@localhost ~]# cat c.txt
1111
2222
3333
cat: xyz: 没有那个文件或目录
```

【实例】查看两个文件，a.txt 存在，xyz 不存在，正确输出放入 c.txt 文件中，错误输出放入 d.txt 文件中：

```
[root@localhost ~]# cat a.txt xyz >c.txt 2>d.txt
[root@localhost ~]# cat c.txt
1111
2222
3333
[root@localhost ~]# cat d.txt
cat: xyz: 没有那个文件或目录
```

2.2.4 打包和压缩命令

1. zip 命令的使用

【功能】使用 zip 命令制作 ".zip" 格式的压缩包。

【语法】zip [选项] <压缩文件名> <文件/目录列表>

【主要选项】

-r：递归地将一个目录及其所有子目录和文件压缩到 ".zip" 文件中。

-q：在压缩文件时启用静默模式，即不显示压缩过程的详细信息。
-d：从现有的".zip"文件中删除指定的文件或目录。
-9：压缩率最高，速度慢。
-1：压缩率最低，速度快。
-e：用于对".zip"压缩文件进行加密。

【实例】将 abc.txt 和 passwd 压缩成一个压缩文件 my.zip：

```
[root@localhost ~]# zip -r my.zip abc.txt passwd
  adding: abc.txt (stored 0%)
  adding: passwd (deflated 57%)        #压缩率 57%
[root@localhost ~]# ll
总用量 40K
-rw-r--r--. 1 root root    30 10 月  26 12:53 abc.txt
...
-rw-r--r--. 1 root root   965 10 月  26 16:08 my.zip
-rw-r--r--. 1 root root 1.5K 10 月  22 16:10 passwd
```

【实例】从压缩文件 my.zip 中删除 passwd：

```
[root@localhost ~]# zip -d my.zip passwd
deleting: passwd
[root@localhost ~]# ll
总用量 40K
...
-rw-r--r--. 1 root root   194 10 月  26 16:19 my.zip
...
```

【实例】将 passwd 和 t2.c 压缩到压缩文件 mytest.zip 中，并将其保存为加密的".zip"文件：

```
[root@localhost ~]# cp /etc/shadow .
[root@localhost ~]# ll
总用量 44K
-rw-r--r--. 1 root root    30 10 月  26 12:53 abc.txt
...
-rw-r--r--. 1 root root 1.5K 10 月  22 16:10 passwd
----------. 1 root root   914 10 月  26 16:35 shadow
[root@localhost ~]# zip -e mytest.zip passwd shadow
Enter password:
Verify password:
  adding: passwd (deflated 61%)
  adding: shadow (deflated 44%)
```

【实例】设置不同的压缩级别，重新压缩。其中 9 为压缩率最高，1 为压缩率最低：

```
[root@localhost ~]# zip -r -9 -o pid1.zip passwd
updating: passwd (deflated 61%)
[root@localhost ~]# zip -r -1 -o pid2.zip passwd
  adding: passwd (deflated 58%)
[root@localhost ~]# ll pid*
```

```
-rw-r--r--. 1 root root 910    7月    1 21:44 pid1.zip
-rw-r--r--. 1 root root 966    7月    1 21:44 pid2.zip
```

2. unzip 命令的使用

【功能】用来解压缩文件名后缀为".zip"的文件。

【语法】unzip [选项] [文件名.zip]

【主要选项】

-q：静默解压缩。

-d：解压缩".zip"文件到指定目录。

-P<passwd>：解压缩有密码的".zip"文件。

-l：列出".zip"文件的内容。

-t：测试归档数据的正确性。

【实例】使用 unzip 命令列出 mytest.zip 文件的内容：

```
[root@localhost ~]# unzip -l mytest.zip
Archive:  mytest.zip
  Length      Date    Time    Name
---------  ---------- -----   ----
     1462  10-22-2023 16:10   passwd
      914  10-26-2023 16:35   shadow
---------                     -------
     2376                     2 files
```

【实例】使用 unzip 命令解压缩 mytest.zip 到当前目录下，如果文件存在，则提示替代相关信息：

```
[root@localhost ~]# unzip mytest.zip
Archive:  mytest.zip
[mytest.zip] passwd password:              #输入解压缩密码
replace passwd? [y]es, [n]o, [A]ll, [N]one, [r]ename: y
  inflating: passwd
replace shadow? [y]es, [n]o, [A]ll, [N]one, [r]ename: y
  inflating: shadow
```

【实例】使用 unzip 命令解压缩 my.zip 文件到指定文件夹"/root/test1"下：

```
[root@localhost ~]# ll -l my.zip
-rw-r--r--. 1 root root 194 10月 26 16:19 my.zip
[root@localhost ~]# unzip -l my.zip
[root@localhost ~]# unzip -n my.zip -d /root/test1
[root@localhost ~]# ll /root/test1
```

【实例】使用 unzip 命令测试 mytest.zip 文件的正确性：

```
[root@localhost ~]# unzip -t mytest.zip
```

3. tar 命令的使用

【功能】tar（tape archive）即磁带归档命令，用于备份文件。

【语法】tar [选项] [文件名]

【主要选项】

-c：创建新的存档文件。
-x：从存档文件中提取文件。
-t：列出存档文件中的内容。
-v：显示 tar 命令执行的详细信息。
-f：指定存档文件的名称。

【实例】默认情况下，未安装 tar 命令，需要进行安装：

```
[root@localhost ~]# yum install tar           #安装 tar 命令
```

【实例】要将/etc 目录中的所有文件和子目录打包成一个名为 etc_backup.tar 的 tar 存档文件：

```
[root@localhost ~]# tar -cvf etc_backup.tar /etc
...
/etc/sssd/conf.d/
/etc/sssd/sssd.conf
...
```

【实例】列出存档文件 etc_backup.tar 中的内容：

```
[root@localhost ~]# tar -tf etc_backup.tar
...
/etc/chkconfig.d/
/etc/terminfo/
/etc/sssd/
/etc/sssd/pki/
/etc/sssd/conf.d/
...
```

【实例】将存档文件 etc_backup.tar 解压到已存在的目录/root/etc_bak 中：

```
[root@localhost ~]#mkdir /root/etc_bak
[root@localhost ~]#tar -xvf etc_backup.tar -C /root/etc_bak
...
etc/dhcp/dhcpd6.conf
etc/dhcp/dhclient.d/
etc/dhcp/dhcpd.conf
```

4. gzip 命令的使用

【功能】gzip 是用来压缩文件的命令，文件压缩后，后缀名为".gz"，但不支持目录。

【语法】gzip [选项] [文件名]

【主要选项】

-d：解压缩文件。
-l：列出压缩文件的信息。
-r：压缩递归处理。
-t：测试压缩文件是否正确。
-v：显示命令执行详细过程。
-<压缩效率>：压缩效率的取值范围：1~9，值越大，压缩效率越高。

【实例】使用 gzip 命令创建压缩文件 passwd，保留原始文件，需使用-k 选项：

```
[root@localhost ~]# cp /etc/passwd .
[root@localhost ~]# ll passwd
-rw-r--r--. 1 root root 1.5K 10月 28 11:58 passwd
[root@localhost ~]# gzip -k passwd
[root@localhost ~]# ls -l passwd*
-rw-r--r--. 1 root root 1462 10月 28 11:58 passwd
-rw-r--r--. 1 root root  656 10月 28 11:58 passwd.gz
```

【实例】使用 gzip 命令创建压缩文件 passwd.gz，删除原始文件：

```
[root@localhost ~]# gzip passwd
gzip: passwd.gz already exists; do you wish to overwrite (y or n)? y
[root@localhost ~]# ls -l passwd*
-rw-r--r--. 1 root root 656 10月 28 11:58 passwd.gz
```

注意：压缩后原有的文件不存在了。

【实例】查看压缩文件的内容：

```
[root@localhost ~]# gzip -l passwd.gz
[root@localhost ~]# ls *.gz
abc.txt.gz   passwd.gz
[root@localhost ~]# gzip -l passwd.gz
         compressed        uncompressed    ratio uncompressed_name
              656                  1462    56.8% passwd
```

【实例】解压缩".gz"文件：

```
[root@localhost ~]# ls -l *.gz
-rw-r--r--. 1 root root  61 10月 26 12:53 abc.txt.gz
-rw-r--r--. 1 root root 656 10月 28 11:58 passwd.gz
[root@localhost ~]# gzip -d passwd.gz
[root@localhost ~]# ls -l *.gz
-rw-r--r--. 1 root root 61 10月 26 12:53 abc.txt.gz
```

说明：解压缩后默认删除了 passwd.gz 文件，带-k 选项才会将其保留。

常用的压缩命令 gzip、tar、zip 有以下区别：

（1）gzip 命令只能压缩单个文件，而 tar 命令和 zip 命令可以压缩多个文件成一个归档文件。

（2）gzip 命令压缩出来的文件后缀名为".gz"，而 tar 命令压缩出来的文件后缀名为".tar"，zip 命令压缩出来的文件后缀名为".zip"。

（3）gzip 命令压缩率较高，但不支持文件夹和文件的压缩和解压缩，tar 命令和 zip 命令则都支持文件夹和文件的压缩和解压缩。

（4）gzip 命令压缩速度较快，因为它只压缩单个文件，而 tar 命令和 zip 命令压缩速度较慢，因为它们要压缩多个文件。

（5）gzip 命令只能压缩文本文件，而 tar 命令和 zip 命令可以压缩所有类型的文件。

2.2.5 进程相关命令

1．ps 命令

【功能】ps（process status）即进程状态命令，用于显示当前进程的状态。

【语法】ps [选项]
【主要选项】
-a：显示现行终端机下的所有程序，包括其他用户的程序。
-A 或-e：显示所有进程。
-u：显示进程的详细状态。
-x：显示没有控制终端的进程。
-r：只显示正在运行的进程。
-f：含命令行。
-w：显示加宽可以显示较多的信息。
-au：显示较详细的信息。
【实例】以详细状态显示当前所有进程：

```
[root@localhost ~]# ps -au
USER    PID  % CPU  % MEM   VSZ    RSS TTY      STAT START    TIME COMMAND
Root    1398  0.0   0.3    10476  4516 tty1     Ss+  11:50    0:00 -bash
Root    1465  0.0   0.2    7580   3940 pts/0    Ss   11:50    0:00 -bash
Root    1631  0.0   0.2    9260   3248 pts/0    R+   12:21    0:00 ps -au
```

输出格式：USER PID %CPU %MEM VSZ RSS TTY STAT START TIME COMMAND。其中，各部分含义如下：

（1）USER：进程拥有者。
（2）PID：进程的 ID 号。
（3）%CPU：占用的 CPU 使用率。
（4）%MEM：占用的内存使用率。
（5）VSZ：占用的虚拟内存大小。
（6）RSS：占用的内存大小。
（7）TTY：终端的次要装置号码。
（8）STAT：该进程的状态，具体状态如下：
1）D：无法中断的休眠状态（通常为 I/O 的进程）。
2）R：进程正在运行。
3）S：处于静止状态。
4）T：暂停状态。
5）W：没有足够的内存分页可分配，进入内存交换。
6）X：死掉的进程（基本很少见）。
7）Z：僵尸进程。
8）<：优先级高的进程。
9）N：优先级较低的进程
10）L：有些页被锁进内存。
11）s：进程的领导者（其下有子进程）。
12）l：多线程，克隆线程（使用 CLONE_THREAD，类似 NPTL pthreads）。
13）+：位于后台的进程组。

（9）START：进程开始时间。
（10）TIME：执行的时间。
（11）COMMAND：所执行的命令。

说明：CMD 表示正在执行的系统的命令是什么。TTY 表示进程所属的控制台号。TIME 表示进程使用 CPU 的总时间。

【实例】显示进程信息：

[root@localhost ~]# ps -a
[root@localhost ~]# ps -A

【实例】显示 login 的进程：

[root@localhost ~]# ps -ef | grep login

2. pstree 命令

【功能】pstree（display a tree of processes）即显示进程树命令，可将所有进程以树状图显示。

【语法】pstree [选项]

【主要选项】

-a：显示启动每个进程对应的完整命令，包括启动进程的路径、选项等。
-c：不使用精简法显示进程信息，即显示的进程中包含子进程和父进程。
-n：根据进程 PID 号来排序输出，默认以程序名排序输出。
-p：显示进程的 PID。
-u：显示进程对应的用户名称。

【实例】显示进程关系：

[root@localhost ~]# pstree

得到的进程树结构如图 2-2 所示。

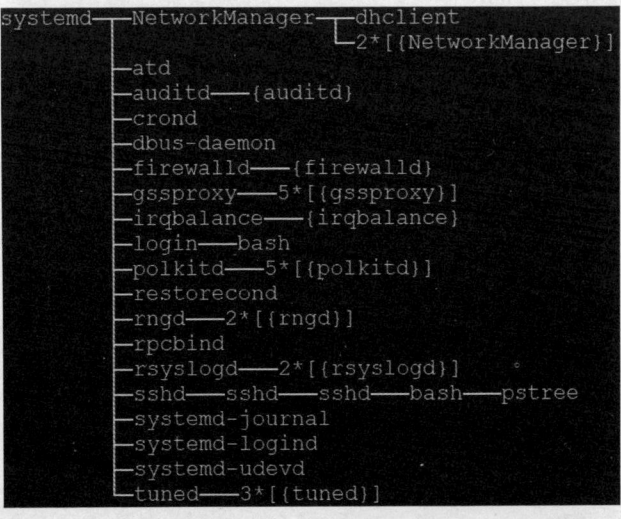

图 2-2 进程树结构

[root@localhost ~]# ps -A | grep -n polkitd
67:     697 ?   00:00:00 polkitd

```
[root@localhost ~]# pstree -p 697
polkitd(697)─┬─{polkitd}(711)
             ├─{polkitd}(713)
             ├─{polkitd}(716)
             ├─{polkitd}(717)
             └─{polkitd}(737)
[root@localhost ~]#
```

根据图 2-2，查看 polkitd 的 PID 为 697 的进程包含 5 个子进程（外加 1 个父进程，共 6 个进程）。

3. kill 命令

【功能】kill 命令用于删除执行中的进程，可将指定的信息送至程序。预设的信息为 SIGTERM(15)，将指定进程终止。若仍无法终止该进程，可使用 SIGKILL(9) 信息尝试强制删除程序。

【语法】kill[选项][进程号]

【主要选项】

-l 信息编号：信号，如果不加信号的编号选项，则使用-l 选项会列出全部的信号名称。

-a：在处理当前进程时，不限制命令名和进程号的对应关系。

-p：只打印相关进程的进程号，而不发送任何信号。

-s：指定发送信号。

-u：指定用户。

最常用的信号如下：

（1）SIGHUP：重新加载进程。

（2）SIGKILL：杀死一个进程。

（3）SIGTERM：正常停止一个进程。

【实例】列出全部信号名称：

```
[root@localhost ~]# kill -l
 1) SIGHUP       2) SIGINT      3) SIGQUIT     4) SIGILL      5) SIGTRAP
 6) SIGABRT      7) SIGBUS      8) SIGFPE      9) SIGKILL    10) SIGUSR1
11) SIGSEGV    12) SIGUSR2    13) SIGPIPE    14) SIGALRM    15) SIGTERM
…
```

【实例】强制杀死 dhclient 进程，进程的 ID 可以通过 ps 命令查看：

```
[root@localhost ~]# ps -A | grep dhclient
    1089 ?        00:00:00 dhclient
[root@localhost ~]# kill -kill 1089
[root@localhost ~]# ps -A | grep dhclient          //已无 dhclient 进程运行
[root@localhost ~]#
```

【实例】查找 login 进程，将其终止：

```
[root@localhost ~]# ps -A | grep login
     704 ?        00:00:00 systemd-logind
     813 ?        00:00:00 login
[root@localhost ~]#kill 813          //login 的 PID 为 813，终止 ID 为 813 的进程
localhost login:
```

相当于执行 logout 命令，在虚拟机中可以看见退出了登录。

另一个实例，当用 PuTTY 登录主机后，可以在 VM VirtualBox 虚拟机中查看 sshd 进程的 ID，如图 2-3 所示。

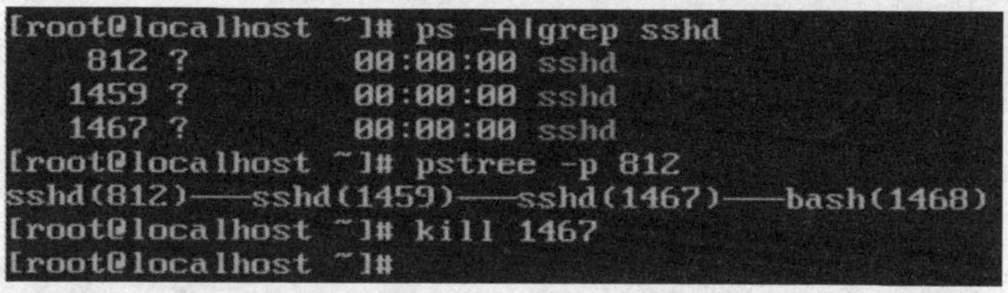

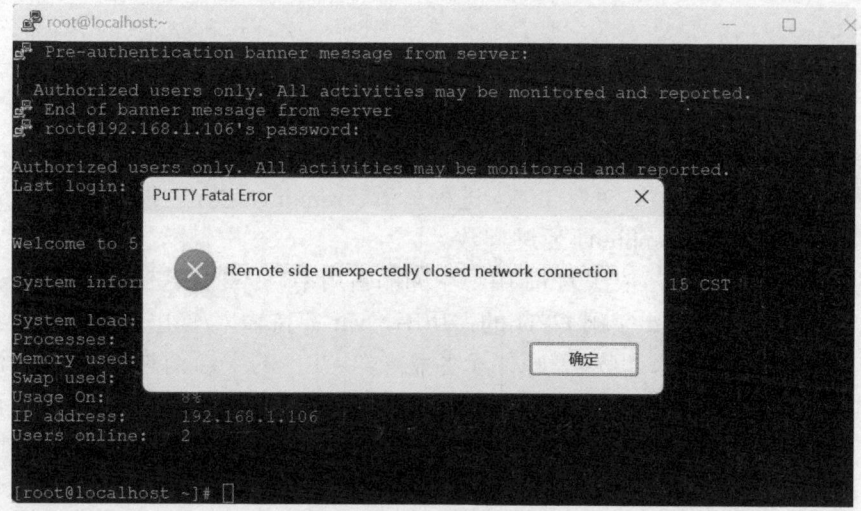

图 2-3　查看 sshd 进程的 ID

这时将看到 PuTTY 窗口出现远程端意外关闭网络链接的提示信息，此时 PuTTY 已经无法连接到虚拟主机，如图 2-4 所示。

图 2-4　远程连接已关闭

4．top 命令

【功能】top 命令可以对所有正在运行的进程和系统负荷提供不断更新的信息，包括系统负载、CPU 利用分布情况、内存使用、每个进程的资源占用情况等信息。当需要显示系统中程序的执行状态时，按 Q 或 Ctrl+C 组合键停止查看。

【语法】top [选项]

【主要选项】

-d：秒数，指定 top 命令每隔几秒更新。默认是 3 秒。

-n：次数，指定 top 命令执行的次数。一般和 "-" 选项合用。

-p：进程 PID，仅查看指定 ID 的进程。

-s：使 top 命令在安全模式中运行，避免在交互模式中出现错误。

-u：用户名，只监听某个用户的进程。

【实例】运行 top 命令，显示如图 2-5 所示：

[root@localhost ~]# top

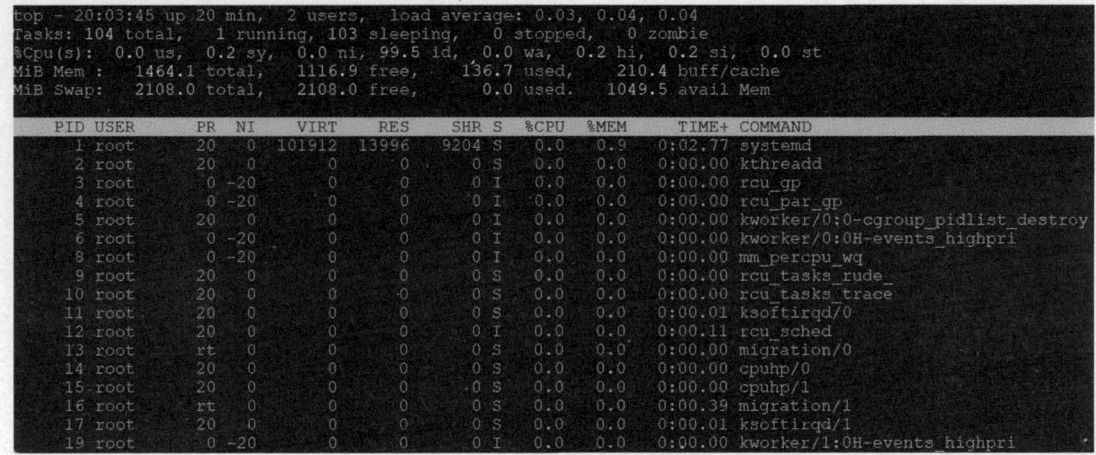

图 2-5 动态显示 top 信息

top 命令的输出内容是动态的，默认每隔 3 秒刷新一次，运行结果分为两部分。

（1）第 1 部分是前 5 行系统的资源使用状况，具体如下：

1）第 1 行显示的项目依次为 top 当前时间、up 系统启动时间、users 当前系统登录用户数目、load average 平均负载。

2）第 2 行为进程情况，依次为 Tasks 进程总数、running 运行进程数、sleeping 休眠进程数、stopped 终止进程数、zombie 僵死进程数。

3）第 3 行为 CPU 状态，依次为 us 用户空间的占用率、sy 内核空间的占用率、ni 改变过优先级的用户进程占用率、id 空闲 CPU 的占用率、wa 等待输入/输出进程的占用率、hi 硬中断的占用率（硬中断是硬盘、网卡等硬件设备发送给 CPU 的中断消息）、si 软中断的占用率（软中断是由程序发出的中断）、st 是有虚拟机时虚拟 CPU 等待实际 CPU 的时间百分比。

4）第 4 行为内存状态，依次为 total 物理内存总量、free 空闲内存量、used 使用的内存量、buffer/cache 用作内核缓冲/缓存的内存量。其中 cache 是用来加速数据从硬盘中读取的，而 buffer 是用来加速数据写入硬盘的。

5）第 5 行为交换状态，依次为 total 交换区内存总量、free 空闲交换区总量、used 使用的交换区总量、avail Mem 可用内存。其中 avail Mem 可用于启动一个新应用的内存（物理内存），和 free 不同，它计算的是可回收的 page cache 和 memory slab。

（2）第 2 部分是第 6 行开始，显示系统中进程的信息，具体如下：

1）PID：进程 ID。

2）USER：该进程所属的用户。

3）PR：优先级，数值越小优先级越高。

4）NI：优先级，负值表示高优先级，正值表示低优先级。

5）VIRT：使用虚拟内存的大小，单位为 KB，VIRT=SWAP+RES。

6）RES：使用物理内存的大小，单位为 KB，RES=CODE+DATA。

7）SHR：共享内存大小，单位为 KB。

8）S：进程状态（D=不可中断的睡眠状态、R=运行、S=睡眠、T=跟踪/停止、Z=僵尸进程、I=空闲状态）。

9) %CPU：占用 CPU 的百分比。
10) %MEM：占用内存百分比。
11) TIME+：使用 CPU 的时间。
12) COMMAND：进程的命令名。

此外，还可以使用 dstat 命令查看 CPU 和 I/O 这两种资源的使用情况；使用 pidstat 命令监控被内核管理的独立任务（进程），它输出每个受内核管理的任务的相关信息，也可以用来监控特定进程的子进程。

注意：dstat 命令需要使用 yum install dstat 命令进行安装，而 pidstat 命令需要使用 yum install sysstat 命令进行安装。

2.2.6 其他命令

1. help 命令

【功能】help 命令用于显示 shell 内部命令的帮助信息。

【语法】help [选项] [命令]

【主要选项】

-d：输出每个命令的简短描述。

-m：以类似于 Man 手册的格式描述命令。

-s：只显示命令使用格式。

【实例】查看 pwd 帮助信息：

```
[root@localhost ~]# help -d pwd
[root@localhost ~]# help -m pwd
[root@localhost ~]# help -s pwd
```

2. info 命令

【功能】info 显示指定命令的使用说明。

【格式】info [命令名]

【实例】查看 gcc 的说明：

```
[root@localhost ~]# info gcc
```

根据显示，按上下箭头键选定菜单，按 Enter 键进入，按 U 键返回上级菜单，info 不加选项则进入最上一级菜单，按 Q 键退出。

3. who 命令

【功能】who 命令显示登录到当前系统的用户。

【语法】who [选项]

【主要选项】

-H：显示标题信息列。

-m：只面对和标准输入有直接交互的主机和用户。

【实例】显示当前登录系统的用户：

```
[root@localhost ~]# who
```

【实例】只显示当前用户：

```
[root@localhost ~]# who -m -H
```

名称	线路	时间	备注
root	pts/0	2025-03-21 19:54	(192.168.10.244)

其中名称为用户名,线路表示终端机信息,时间表示上线时间,备注显示从哪连上来的。

【实例】使用 who am i 或 whoami 查看自己:

[root@localhost ~]# who am i
[root@localhost ~]#whoami

4. su 命令

【功能】su(switch user)即切换用户命令,用于变更为其他使用者的身份。除 root 用户外,执行 su 命令时,需要键入该使用者的密码。

【语法】su [选项] [用户名]

【主要选项】

-f 或--fast:向 shell 传递"-f"选项,仅用于 csh 或 tcsh(命令解释器)。

-m -p 或--preserve-environment:执行 su 命令时不改变环境变数。

-c command 或--command=command:变更账号为 user 的使用者并执行命令(command)后再变回原使用者。

user:欲变更的使用者账号,缺省则默认为 root。

-:表示同步当前的环境变量到新用户。

【实例】当前用户为 root,切换账号为 user01,并同步当前的环境变量到新用户:

[root@localhost ~]# su - user01
[user01@localhost ~]$ pwd
/home/user01
[user01@localhost root]$exit
注销

思考:如果当前账号为 user01,如何切换至 user02?

由于 Linux 对权限控制十分严格,需要在 root 用户中进行设置,授权 user01 用户具有 su 权限才行,否则会出现拒绝权限的提示信息。通过 vi 编辑 sudoers 文件来设置 user01 用户使用 su 命令切换到另一个用户的权限。具体操作步骤如下:

(1)使用 vi 命令编辑/etc/sudoers 文件。

(2)添加一行来授予特定用户或用户组切换用户的权限。

【实例】如果允许 user01 用户使用 su 命令切换到 user02 用户,则可以添加下行:

user01 ALL=(bob) /bin/su - user02

【实例】如果允许 user01 用户切换到任何用户,可以使用通配符"*":

user01 ALL=(ALL) /bin/su - *

保存并退出编辑器。

注意:使用该命令应十分小心,因为错误的配置可能导致安全问题。

5. last 命令

【功能】显示用户最近登录信息。

【语法】last [选项] [用户...]

【主要选项】

-R：省略登录主机名或 IP 的列。
-a：把从何处登入系统的主机名称或 IP 地址显示在最后一行。
[用户…]：显示指定一个用户或多个用户的登录信息。
【实例】当前登录用户为 user02，显示 2 行最近的用户登录信息，并省略主机名的列：

```
[user02@localhost ~]$ last    -R -2
user02    pts/0          Tue Jul   2 04:56    still logged in
user01    pts/0          Tue Jul   2 04:55 - 04:56    (00:00)
wtmp begins Sat Oct 22 21:06:11 2022
[user02@localhost ~]$ last    -2
user02    pts/0          192.168.10.244    Tue Jul   2 04:56    still logged in
user01    pts/0          192.168.10.244    Tue Jul   2 04:55 - 04:56    (00:00)
wtmp begins Sat Oct 22 21:06:11 2022
```

6. history 命令

【功能】使用 history 命令查看历史命令。

【语法】history [选项] [文件名]

【主要选项】

-a：写入命令记录。

-c：清空命令记录。

-d：删除指定序号的命令记录。

-n：读取命令记录。

-r：读取命令记录到缓冲区。

-s：将指定的命令添加到缓冲区。

-w：将缓冲区信息写入历史文件。

【实例】显示历史记录，且再次执行其中的一个命令：

```
[root@localhost ~]# history
    ...
    1010   whoami
    ...
[root@localhost ~]# ! 1010
    whoami
    root
```

【实例】将本次缓冲区信息写入历史文件：

```
[root@localhost ~]# history -w
[root@localhost ~]# tail -n 3 .bash_history
history
whoami
history -w
```

【实例】历史记录有一个本地用户文件（~/.bash_history），将文件删除时，文件的内容也会被一并删除，但是用户重新登入时会自动生成一个相同文件：

```
[root@localhost ~]# history -c        #清空命令的历史记录
[root@localhost ~]# history
    1   history
```

```
[root@localhost ~]# history -r        #从本地用户文件读取历史记录
[root@localhost ~]# history
    1  history
    2  history -r
    3  history -r
    4  ls
    5  history
    6  history -w
    7  history
```

【实例】删除本地用户历史记录文件：

```
[root@localhost ~]#rm .bash_history
rm: 是否删除普通文件 '.bash_history'？y
[root@localhost ~]#ls -a .bash_history
ls: 无法访问 '.bash_history': 没有那个文件或目录
```

重启后将生成一个相同文件，并将当前的历史记录保存在".bash_history"中。

7. Tab

【功能】通过使用 Tab 键自动补全命令、文件和目录名，可以节省大量的时间和精力，并且减少输入错误的机会。

【语法】输入命令、文件或目录文件名时，可以按键盘上的 Tab 键进行补全。

【实例】自动补齐命令。当在输出命令时可以使用 Tab 键自动补齐命令，文件路径等。例如，输入 wh 后按 Tab 键，就会给出以下提示：

```
[root@localhost ~]# wh
whatis     whereis    which    while    whiptail    who    whoami
```

【实例】如果要查看/root 目录下所有以".txt"结尾的文件，并将其复制到/tmp 目录下，则可以进行如下操作：

```
[root@localhost ~]# pwd
/root
[root@localhost ~]# cp /root/*.txt
1.txt    3.txt     a.txt    c.txt    dstat.txt    hi.txt
2.txt    abc.txt   b.txt    date.txt    d.txt    info.txt
[root@localhost ~]# cp  /root/*.txt   /tmp/
```

此处，按下 Tab 键后系统会自动显示/home 目录下所有以".txt"结尾的文件名，然后再次按下 Tab 键就能自动补全为对应的路径。

8. uptime 命令

【功能】uptime 命令可以显示系统的运行时间、平均负载以及当前活动用户数等信息。

【语法】uptime [选项]

【主要选项】缺省时，该命令将显示系统的当前时间以及系统自启动以来的运行时间。

-p：显示系统自启动以来的运行时间，以更简洁的格式展示。

-s：显示系统最后一次启动的时间。

【实例】使用 uptime 命令显示系统总共运行了多长时间和系统的平均负载：

```
[root@localhost ~]# uptime
 19:53:33 up 25 min,   2 users,   load average: 0.00, 0.00, 0.02
```

```
[root@localhost ~]# uptime -p
up 25 minutes
```

【实例】显示系统最后一次启动的时间：

```
[root@localhost ~]# uptime -s
2023-12-04 19:28:14
```

9. date 命令

【功能】date 命令用于显示或设置系统的时间或日期。

【语法】date [选项] [格式]

【主要选项】

该命令选项与格式较多，请使用 date --help 命令查看。

【实例】显示或设定系统的日期与时间：

```
[root@localhost ~]# date
2023 年 12 月 04 日 星期一  19:58:51 CST
[root@localhost ~]# date '+%c'
2023 年 12 月 04 日 星期一  19 时 59 分 06 秒
[root@localhost ~]# date '+%D'
12/04/23
[root@localhost ~]# date '+%x'        #当前 locale 下的日期描述
2023 年 12 月 04 日
[root@localhost ~]# date '+%F'        #完整的日期格式
2024-07-24
```

10. wget 命令

【功能】wget 命令用来从指定的统一资源定位符（Uniform Resource Locator，URL）下载文件。

【语法】wget [选项] [URL]

【主要选项】

-O：将文件写入指定的文件。

-c：断点续传下载文件。

URL：下载指定的 URL 地址。

【实例】用来从指定的 URL 地址中下载文件：

```
[root@localhost ~]# wget -O wordpress.zip https://×××.org/latest.zip
[root@localhost ~]# ll wordpress.zip
-rw-r--r--. 1 root root 25M 11 月  9 08:45 wordpress.zip
```

注意：使用 wget 命令的主机需要能够访问 Internet 网络。

11. export 命令

【功能】export 命令用于设置或显示环境变量。

【语法】export [选项][变量名称]=[变量设置值]

【主要选项】

-f：表示[变量名称]为函数名称。

-n：删除指定变量，变量实际上并未被删除，只是不会输出到后续命令的执行环境中。

-p：列出所有的 shell 赋予程序的环境变量。

【实例】列出当前所有的环境变量：

```
[root@localhost ~]# export
declare -x HISTCONTROL="ignoredups"
declare -x HISTSIZE="1000"              #命令历史记录的条数
declare -x HOME="/root"                 #root 用户目录
…
```

【实例】修改环境变量，在 bash 下用 export：

```
export PATH=$PATH:/usr/local/bin
```

【实例】定义环境变量赋值：

```
[root@localhost ~]# export myenv=5
[root@localhost ~]# export -p
...
declare -x TERM="xterm"
declare -x USER="root"
declare -x myenv="5"
```

练 习 题

1．在 root 目录下创建一个 xccbest 目录。

2．在 xccbest 目录下创建/cat 和/dog 两个目录。

3．将/etc/passwd 文件复制到 xccbest 目录中，并查看被复制文件的操作权限。

4．尝试执行 cp -i /etc/passwd．你会发现什么？为什么会出现这个状况？

5．将 passwd 重命名为 passWd。

6．将 passWd 文件移动到 cat 目录，然后再从 cat 目录移动到 dog 目录，最后再移动到 xccbest 目录。

7．将 passWd 文件硬链接到 cat 目录。

8．将 passWd 文件软链接到 dog 目录。

9．删除 xccbest 文件中的 passWd 文件。

10．查看所有 passWd 文件的节点信息。

11．找到 passWd 文件，并将 passWd 文件打包到 xccbest 目录，并打包成*.tar.gz 格式，命名为 xccfile.tar.gz。

12．将 xccfile.tar.gz 压缩包解压缩到 cat 目录下，并命名为 fun。

13．查找并显示出所有 fun 文件的位置。

实验 3 openEuler 文本编辑器

3.1 实 验 内 容

3.1.1 实验目的

掌握 vi 编辑器的基本操作。

3.1.2 实验环境

（1）打开 VirtualBox。
（2）启动 openEuler 虚拟机。
（3）使用 PuTTY 远程登录 openEuler 虚拟机。

3.1.3 实验要求

掌握 vi 编辑器的进入、三种模式切换和基本操作，基本操作包括移动光标、插入文本、删除文本、复制、粘贴、查找和替换、保存和退出。

3.2 vi 编 辑 器

3.2.1 进入 vi 编辑器

可以通过表 3-1 中的方式进入 vi 编辑器。

表 3-1 进入 vi 编辑器

命令	描述
vi filename	如果 filename 存在，则打开；否则会创建一个新文件再打开
vi -R filename	以只读模式（只能查看不能编辑）打开现有文件
view filename	以只读模式打开现有文件

注：vi -R filename 和 view filename 可以互相替换。

例如，使用 vi 编辑器创建一个新文件并打开：

[root@localhost ~]# vi a.txt
|~
~
"a.txt" [New File]

竖线（|）代表光标的位置；波浪号（~）代表该行没有任何内容。如果没有波浪号，也看不到任何内容，则说明这一行肯定是有空白字符（空格、Tab 缩进、换行符等）或不可见字符。

3.2.2 工作模式

vi 编辑器有三种工作模式：

1. 普通模式

由 shell 进入 vi 编辑器时，首先进入普通模式。在普通模式下，从键盘输入任何字符都被当作命令来解释。普通模式下没有任何提示符，输入命令后立即执行，不需要按 Enter 键，而且输入的字符不会在屏幕上显示出来。

普通模式下可以执行命令、保存文件、移动光标、粘贴复制等。

2. 编辑模式

编辑模式主要用于文本的编辑。该模式下用户输入的任何字符都被作为文件的内容保存起来，并在屏幕上显示出来。

3. 命令模式

命令模式下，用户可以对文件进行一些高级处理。尽管普通模式下的命令可以完成很多功能，但要执行一些如字符串查找、替换、显示行号等操作还是必须进入命令模式。

工作模式切换：在普通模式下输入 i（插入）、c（修改）、o（另起一行）命令时进入编辑模式；按 Esc 键退回到普通模式。在普通模式下输入冒号（:）可以进入命令模式。输入完命令按 Enter 键，命令执行完后会自动退回普通模式。提示：如果不确定当前处于哪种模式，按两次 Esc 键将回到普通模式。

3.2.3 退出 vi 编辑器

在命令模式下退出 vi 编辑器的方式如表 3-2 所示。

表 3-2 退出编辑器

命令	描述
:q	如果文件未被修改，会直接退回到 shell；否则提示保存文件
:q!	强行退出，不保存修改内容
:w filename	写入文件
:W	保存文件
:wq	w 命令保存文件，q 命令退出 vi 编辑器，合起来就是保存并退出
ZZ	保存并退出，相当于 wq，但是更加方便

退出之前也可以在 w 命令后面指定一个文件名，将文件另存为新文件。例如，w filename2 将当前文件另存为 filename2。

注意：使用 vi 编辑器编辑文件时，用户的操作都是基于缓冲区中的副本进行的。如果退出时没有保存到磁盘，则缓冲区中的内容就会丢失。

3.2.4 移动光标

为了不影响文件内容，必须在普通模式（按两次 Esc 键）下移动光标。使用表 3-3 中的命令每次可以移动一个字符。

表 3-3 移动光标

命令	描述
k	向上移动光标（移动一行）
j	向下移动光标（移动一行）
h	向左移动光标（移动一个字符）
l	向右移动光标（移动一个字符）

注意：vi 编辑器是区分大小写的，输入命令时注意不要锁定大写。可以在命令前添加一个数字作为前缀，例如，3j 将光标向下移动三行。当然，还有很多其他命令来移动光标，不过记住，一定要在普通模式（即按两次 Esc 键）下。

3.2.5 控制命令

有一些控制命令可以与 Ctrl 键组合使用，如表 3-4 所示。

表 3-4 控制命令

命令	描述
Ctrl+d	向前滚动半屏
Ctrl+f	向前滚动全屏
Ctrl+u	向后滚动半屏
Ctrl+b	向后滚动整屏
Ctrl+e	向上滚动一行
Ctrl+y	向下滚动一行
Ctrl+I	刷新屏幕

3.2.6 编辑文件

切换到编辑模式下才能编辑文件。有很多命令可以从普通模式切换到编辑模式，如表 3-5 所示。

表 3-5 编辑模式

命令	描述
i	在当前光标位置之前插入文本
I	在当前行的开头插入文本
a	在当前光标位置之后插入文本
A	在当前行的末尾插入文本
o	在当前位置下面创建一行
O	在当前位置上面创建一行

3.2.7 删除字符

表 3-6 中的命令可以删除文件中的字符或行。

表 3-6 删除命令

命令	说明
x	删除当前光标下的字符
X	删除光标前面的字符
dw	删除从当前光标到单词结尾的字符
d^	删除从当前光标到行首的字符
d$	删除从当前光标到行尾的字符
D	删除从当前光标到行尾的字符
dd	删除当前光标所在的行

可以在命令前面添加一个数字前缀，表示重复操作的次数。例如，2x 表示连续两次删除光标下的字符，2dd 表示连续两次删除光标所在的行。

3.2.8 修改文本

如果希望对字符、单词或行进行修改，可以使用表 3-7 中的命令。

表 3-7 修改文本

命令	描述
cc	删除当前行，并进入编辑模式
cw	删除当前字（单词），并进入编辑模式
r	替换当前光标下的字符
R	从当前光标开始替换字符，按 Esc 键退出
s	用输入的字符替换当前字符，并进入编辑模式
S	用输入的文本替换当前行，并进入编辑模式

3.2.9 复制粘贴

vi 编辑器中的复制粘贴命令，如表 3-8 所示：

表 3-8 复制粘贴

命令	描述
yy	复制当前行
nyy	复制 n 行
yw	复制一个字（单词）
nyw	复制 n 个单词
p	将复制的文本粘贴到光标后面
P	将复制的文本粘贴到光标前面

3.2.10 高级命令

vi 编辑器中的其他高级命令,可以方便用户使用功能更强的操作,如表 3-9 所示。

表 3-9 高级命令

命令	说明
nG	将光标定位到第 n 行上
J	将当前行和下一行连接为一行
<<	将当前行左移一个单位(一个缩进宽度)
>>	将当前行右移一个单位(一个缩进宽度)
~	改变当前字符的大小写
^G	Ctrl+G 组合键可以显示当前文件名和状态
U	撤销对当前行所做的修改
u	撤销上次操作,再次输入 u 恢复该次操作
:f	以百分号(%)的形式显示当前光标在文件中的位置、文件名和文件的总行数
:f filename	将文件重命名为 filename
:w filename	保存修改到 filename
:e filename	打开另一个文件名为 filename 的文件
:cd dirname	改变当前工作目录到 dirname
:e #	在两个打开的文件之间进行切换
:r file	读取文件并在当前行的后插入
:nr file	读取文件并在第 n 行后插入

3.2.11 文本查找

如果希望进行全文件搜索,可以在普通模式(按两次 Esc 键)下输入"/"命令,这时状态栏(最后一行)出现"/"并提示输入要查找的字符串,按 Enter 键即可。

"/"命令是向下查找,如果希望向上查找,则可以使用"?"命令。

这时,输入 n 命令可以按相同的方向继续查找,输入 N 命令可以按相反的方向继续查找。

搜索的字符串中可以包含一些有特殊含义的字符,如果希望搜索这些字符本身,需要在前面加反斜杠(\)。

如果希望搜索某行中的单个字符,可以使用 f 命令或 F 命令,f 命令向上搜索,F 命令向下搜索,并且会把光标定位到匹配的字符。

也可以使用 t 命令或 T 命令:t 命令向上搜索,并把光标定位到匹配字符的前面;T 命令向下搜索,并把光标定位到匹配字符的后面。

3.2.12 set 命令

set 命令可以对 vi 编辑器进行一些设置。使用 set 命令需要进入命令模式。

3.2.13 运行命令

切换到命令模式，再输入"!"命令即可运行 Linux 命令。

例如，保存文件前，如果希望查看该文件是否存在，则需要输入以下语句：

:! ls

即可列出当前目录下的文件，按任意键回到 vi 编辑器。

3.2.14 文本替换

切换到命令模式，再输入 s/ 命令即可对文本进行替换。语法如下：

:s/search/replace/g

search 为检索的文本，replace 为要替换的文本，g 表示全局替换。

在使用 vi 编辑器的过程中，应记住下面几点：

（1）输入冒号（:）进入命令模式，按两次 Esc 键进入普通模式。
（2）命令大小写的含义是不一样的。
（3）必须在编辑模式下才能输入内容。

练 习 题

1. 在 vi 编辑器中，能够实现上、下、左、右移动光标的方式有哪些？
2. 如果希望进入 vi 编辑器后，光标位于文件第 10 行上，应输入什么命令？
3. 要将编辑文件中所有的字符串 str1 全部用字符串 str2 替换，包括在一行中多次出现的字符串，应使用什么命令格式？
4. vi 编辑器复制选中行到指定位置。

第 2 部分　操作系统原理篇

实验 4　Linux 下 C 语言使用、编译与调试

4.1　实验内容

4.1.1　实验目的

（1）复习 C 语言程序基本知识。
（2）练习并掌握 openEuler 提供的 vi 编辑器来编译 C 程序。
（3）学会利用 gcc、gdb 编译、调试 C 程序。

4.1.2　实验环境

openEuler 下安装 gcc 编译器，使用 PuTTY 远程登录。

4.1.3　实验要求

（1）用 vi 编写一个简单的、显示"hello,world!"的 C 程序，用 gcc 编辑器编译并观察编译后的结果。
（2）利用 gdb 调试该程序。
（3）运行生成的可执行文件。

4.2　实验指导

4.2.1　C 语言使用简介

openEuler 中包含了很多软件的开发工具。它们中的很多是用于 C 和 C++应用程序开发的。
C 语言是一种能在 UNIX 的早期就被广泛使用的通用编程语言。它最早是贝尔实验室的丹尼斯·里奇（Dennis Ritchie）为了 UNIX 的辅助开发而写的，从此 C 语言就成为了世界上使用最广泛的计算机语言。
C 语言能在编程领域里得到如此广泛支持的原因如下：
（1）C 语言是一种非常通用的语言，它的语法和函数库在不同的平台上都是统一的，对开发者非常有吸引力。

（2）用 C 语言写的程序执行速度很快。

（3）C 语言是所有版本 UNIX 上的系统语言。

4.2.2 GNU C 编译器

Linux 上可用的 C 编译器是 GNU C 编译器，它建立在自由软件基金会编程许可证的基础上，因此可以自由发布。

openEuler 上的 GNU C 编译器（gcc）是一个全功能的 ANCI C 兼容编译器，而一般 UNIX（如 SCO UNIX）用的编译器是 CC。下面介绍 gcc 编辑器和一些在 gcc 编译器中最常用的选项。

1. 使用 gcc 编辑器

通常后跟一些选项和文件名来使用 gcc 编译器。gcc 命令的基本用法如下：

```
gcc [options] [filenames]
```

其中[options]表示选项，[filenames]表示相关文件的名称。

2. gcc 编辑器常用选项

gcc 编辑器有超过 100 个的编译选项可用，这些选项中的大部分可能永远都不会用到，但一些主要的选项将会频繁使用。很多 gcc 选项包括一个以上的字符，因此必须为每个选项指定各自的连字符，并且像大多数 Linux 命令一样，gcc 选项不能在一个单独的连字符后跟一组选项。例如，下面的命令是不同的：

```
gcc   -p -g   test.c
gcc   -pg   test.c
```

第一条命令告诉 gcc 编辑器编译 test.c 时为 prof 命令建立剖析（profile）信息并且把调试信息加到可执行文件里。

第二条命令告诉 gcc 编辑器只为 gprof 命令建立剖析信息。

当不用任何选项编译一个程序时，gcc 编辑器将建立（假定编译成功）一个名为 a.out 的可执行文件，示例如下：

```
gcc   test.c
```

编译成功后，当前目录下就产生了一个 a.out 文件。

也可用-o 选项来为即将产生的可执行文件指定一个文件名 hi 来代替 a.out，示例如下：

```
gcc   -o   hi   test.c
```

此时得到的可执行文件就不再是 a.out，而是 hi。

gcc 命令也可以指定编译器的处理步骤。

-c 选项告诉 gcc 编辑器仅把源代码编译为目标代码而跳过汇编和连接步骤，这个选项使用得非常频繁，因为它编译多个 C 程序时速度更快且更易于管理，示例如下：

```
gcc   -c   test.c
```

默认 gcc 编辑器建立的目标代码文件有一个 test.o 的扩展名。

3. 执行文件

格式：./可执行文件名，示例如下：

```
./a.out
    ./hi
```

4.2.3 gdb 调试工具

Linux 包含了一个名为 gdb 的 GNU 调试程序。gdb 调试工具是一个用来调试 C 和 C++程序的强有力调试器,让使用者能在程序运行时观察程序的内部结构和内存的使用情况。它具有以下功能:监视程序中变量的值;设置断点使程序在指定的代码行上停止执行;一行行地执行代码。

以下是利用 gdb 编辑器进行调试的步骤:

1. 调试编译代码

为了使 gdb 编辑器正常工作,必须使程序在编译时包含调试信息。调试信息里包含程序里的每个变量的类型和在可执行文件里的地址映射以及源代码的行号。gdb 编辑器利用这些信息使源代码和机器码相关联。

注意:在编译时用-g 选项打开调试选项。

2. gdb 调试工具的基本命令

gdb 调试工具的基本命令如表 4-1 所示。

表 4-1 gdb 调试工具基本命令

命令	描述
file	装入欲调试的可执行文件
kill	终止正在调试的程序
list	列出产生执行文件的源代码部分
next	执行一行源代码但不进入函数内部
step	执行一行源代码并进入函数内部
run	执行当前被调试的程序
quit	终止 gdb 调试工具
watch	监视一个变量的值而不管它何时被改变
break	在代码里设置断点,使程序执行到这里时被挂起
make	不退出 gdb 调试工具就可以重新产生可执行文件
shell	不离开 gdb 调试工具就执行 UNIX shell 命令

3. 应用举例

(1)设有一源程序 greet.c。

(2)dig 命令是一个专业级的域名系统(Domain Name System,DNS)查询工具,提供对 DNS 解析过程的深度诊断能力。它支持灵活配置查询类型(如 A、MX、TXT 等)、指定目标 DNS 服务器、跟踪递归查询路径,并输出详细的响应信息(包括 TTL、权威服务器、响应状态等),是网络管理员排查 DNS 问题的核心工具。

(3)gdb greet,出现提示符(gdb),此时可在提示符下输入 gdb 的命令了,如:

(gdb)run
(gdb)list

(4)退出调试状态,返回系统提示符下。

(gdb)quit

4.2.4 参考程序

(1) 用 vi 编辑器编辑一个源程序 4-2-4-1.c 输出 "hell,world!":

```c
#include <stdio.h>
int main( )
{       printf("hello,world!\n");}
```

(2) 编译:

`[root@localhost ~]#gcc -o abc 4-2-4-1.c`

(3) 运行:

`[root@localhost ~]#./abc`

(4) 查看运行结果:

`[root@localhost ~]# ./abc`
`hello world!`

练 习 题

1. 用 vi 编辑器编辑一个源程序 4-3-1.c 输出 99 乘法表,如图 4-1 所示,并调试使用缺省文件运行通过。

```
1*1= 1
2*1= 2  2*2= 4
3*1= 3  3*2= 6  3*3= 9
4*1= 4  4*2= 8  4*3=12  4*4=16
5*1= 5  5*2=10  5*3=15  5*4=20  5*5=25
6*1= 6  6*2=12  6*3=18  6*4=24  6*5=30  6*6=36
7*1= 7  7*2=14  7*3=21  7*4=28  7*5=35  7*6=42  7*7=49
8*1= 8  8*2=16  8*3=24  8*4=32  8*5=40  8*6=48  8*7=56  8*8=64
9*1= 9  9*2=18  9*3=27  9*4=36  9*5=45  9*6=54  9*7=63  9*8=72  9*9=81
```

图 4-1 左下三角形 99 乘法表

2. 对第 1 题中的源程序进行修改,改成右上三角形 99 乘法表,另存为 4-3-2.c,测试通过并运行。

实验 5 进程的创建

5.1 实验内容

5.1.1 实验目的

（1）掌握进程的概念，明确进程的含义。
（2）认识并了解并发执行的实质。

5.1.2 实验环境

openEuler 下安装 gcc 编译器，使用 PuTTY 远程登录。

5.1.3 实验要求

（1）编写一段程序，使用系统调用 fork( )创建两个子进程。当此程序运行时，在系统中有一个父进程和两个子进程活动。让每一个进程在屏幕上显示一个字符：父进程显示"a"，两个子进程分别显示字符"b"和字符"c"。观察记录屏幕上的显示结果，并分析原因。

（2）修改上述程序，每一个进程循环显示一句话。两个子进程显示"daughter…"及"son…"，父进程显示"parent…"，观察结果并分析原因。

5.2 实验指导

5.2.1 进程

UNIX 中，进程既是一个独立拥有资源的基本单位，又是一个独立调度的基本单位。一个进程实体由若干个区（段）组成，包括程序区、数据区、栈区、共享存储区等。每个区又分为若干页，每个进程配置有唯一的进程控制块（Process Control Block，PCB），用于控制和管理进程。

PCB 的数据结构如下。

1. 进程表项（Process Table Entry）

进程表项包括一些最常用的核心数据：进程标识符 PID、用户标识符 UID、进程状态、事件描述符、进程和 U 区在内存或外存的地址、软中断信号、计时域、进程的大小、优先级调整值、指向就绪队列中下一个 PCB 的指针 P_Link、指向 U 区进程正文、数据及栈区在内存区域的指针。

2. U 区（U Area）

U 区用于存放进程表项的一些扩充信息。

每一个进程都有一个私用的 U 区，其中含有进程表项指针、真正用户标识符 u-ruid（read user ID）、有效用户标识符 u-euid（effective user ID）、用户文件描述符表、计时器、内部 I/O 参数、限制字段、差错字段、返回值、信号处理数组。

由于 UNIX 系统采用段页式存储管理，为了把段的起始虚地址变换为段在系统中的物理地址，便于实现区的共享，所以还有系统区表项和进程区表。

3. 系统区表项

系统区表项用于存放各个段在物理存储器中的位置等信息。

系统把一个进程的虚地址空间划分为若干个连续的逻辑区，有正文区、数据区、栈区等。这些区是可被共享和保护的独立实体，多个进程可共享一个区。为了对区进行管理，内核中设置了一个系统区表，各表项中记录了以下有关描述活动区的信息：区的类型和大小、区的状态、区在物理存储器中的位置、引用计数、指向文件索引结点的指针。

4. 进程区表

系统为每个进程配置了一张进程区表。表中的每一项记录了一个区的起始逻辑地址及指向系统区表中对应的区表项。核心通过查找进程区表和系统区表，便可将区的逻辑地址变换为物理地址。

5.2.2 进程映像

UNIX 系统中，进程是进程映像的执行过程，也就是正在执行的进程实体。它由三部分组成：

（1）用户级上、下文。主要成分是用户程序。

（2）寄存器上、下文。由 CPU 中的一些寄存器的内容组成，如程序计数器（Program Counter，PC）、程序状态字（Program Status Word，PSW）、堆栈指针（Stack Pointer，SP）及通用寄存器等。

（3）系统级上、下文。包括操作系统为管理进程所用的信息，有静态和动态之分。

5.2.3 涉及的系统调用

fork( )系统调用。

【功能】创建一个新进程。

【语法】pid=fork( )

【主要选项】

int fork( )返回值意义如下：

（1）0：在子进程中，pid 变量保存的 fork( )返回值为 0，表示当前进程是子进程。

（2）>0：在父进程中，pid 变量保存的 fork( )返回值为子进程的 id 值（进程唯一标识符）。

（3）-1：创建失败。

如果 fork( )调用成功，它向父进程返回子进程的 PID，并向子进程返回 0，即 fork( )被调用了一次，但返回了两次。此时操作系统在内存中建立一个新进程，所建的新进程调用的是 fork( )父进程（parent process）的副本，称为子进程（child process）。子进程继承了父进程的许多特性，并具有与父进程完全相同的用户级上、下文。父进程与子进程并发执行。

核心为 fork( )完成以下操作：

（1）为新进程分配一个进程表项和进程标识符，进入 fork( )后，核心检查系统是否有足够的资源来建立一个新进程。若资源不足，则 fork( )系统调用失败；否则，核心为新进程分配一个进程表项和唯一的进程标识符。

（2）检查同时运行的进程数目，超过预先规定的最大数目时，fork( )系统调用失败。

（3）复制进程表项中的数据，将父进程的当前目录和所有已打开的数据复制到子进程表项中，并置进程的状态为“创建”状态。

子进程继承父进程的所有文件，对父进程当前目录和所有已打开的文件表项中的引用计数加 1。为子进程创建进程上、下文，进程创建结束，设子进程状态为“内存中就绪”并返回子进程的标识符。

子进程执行，虽然父进程与子进程程序完全相同，但每个进程都有自己的 PC（注意子进程的 PC 开始位置），然后根据 pid 变量保存的 fork( )返回值的不同，执行了不同的分支语句。示例如下：

fork( )调用前如图 5-1 所示。

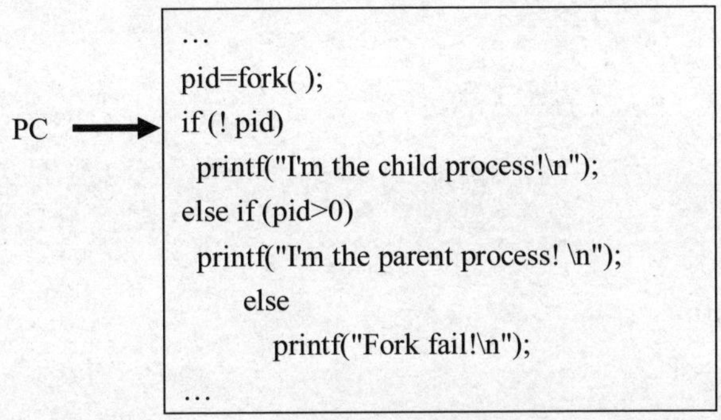

…
pid=fork( );
PC
if (! pid)
printf("I'm the child process!\n");
else if (pid>0)
printf("I'm the parent process! \n");
else
printf("Fork fail!\n");
…

图 5-1　fork( )调用前

fork( )调用后如图 5-2 所示。

…
pid=fork( );
PC
if (! pid)
printf("I'm the child process!\n");
else if (pid>0)
printf("I'm the parent process!\n ");
else
printf("Fork fail!\n");
…
…
pid=fork( );
PC
if (! pid)
printf("I'm the child process!\n");
else if (pid>0)
printf("I'm the parent process!\n ");
else
printf("Fork fail!\n");
…

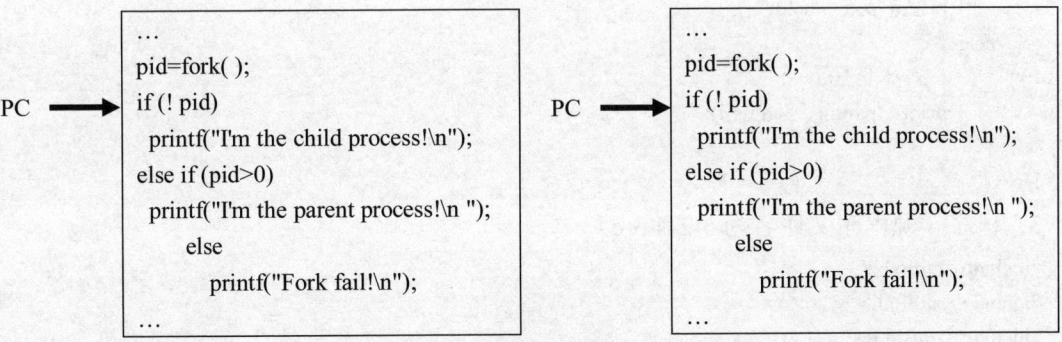

图 5-2　fork( )调用后

5.2.4　参考程序

1．程序（源程序文件名为 5-2-4-1.c）

```
#include <stdio.h>
#include <stdlib.h>
#include <unistd.h>
void main( )
```

```
    {
        int p1,p2;
        while((p1=fork( ))== -1);          /*创建子进程p1*/
        if (p1==0)   putchar('b');
        else
        {
            while((p2=fork( ))== -1);      /*创建子进程p2*/
            if(p2==0)   putchar('c');
            else   putchar('a');
        }
    }
```

2. 程序（源程序文件名为 5-2-4-2.c）

```
#include <stdio.h>
#include <stdlib.h>
#include <unistd.h>
void main( )
{
    int p1,p2,i;
    while((p1=fork( ))== -1);          /*创建子进程p1*/
    if (p1==0)
        for(i=0;i<10;i++)
        printf("daughter   %d\n",i);
    else
    {
        while((p2=fork( ))== -1);      /*创建子进程p2*/
        if(p2==0)
            for(i=0;i<10;i++)
            printf("son   %d\n",i);
        else
            for(i=0;i<10;i++)
            printf("parent   %d\n",i);
    }
}
```

3. 程序（源程序文件名为 5-2-4-3.c）

```
#include <stdio.h>
#include <stdlib.h>
#include <unistd.h>
void main(void)
{
    pid_t pid;

    printf("hello\n");
    pid = fork( );
    switch (pid) {
        case -1: printf("failure!\n"); break;
```

```
        case 0: printf("I am child!\n"); break;
        default: printf("my child is %d\n",pid); break;
    }
    for (;;) { /* do something here */ }
}
```

5.2.5 运行结果

1. 结果（源程序文件名为 5-2-4-1.c）

```
[root@localhost ~]# ./a.out
abc[root@localhost ~]# ./a.out
bac[root@localhost ~]# ./a.out
abc[root@localhost ~]# ./a.out
acb[root@localhost ~]#
```

2. 结果（源程序文件名为 5-2-4-2.c）

```
[root@localhost ~]# ./a.out
parent    0
parent    1
parent    2
parent    3
daughter  0
parent    4
daughter  1
parent    5
daughter  2
parent    6
daughter  3
parent    7
daughter  4
parent    8
daughter  5
parent    9
daughter  6
daughter  7
daughter  8
daughter  9
son   0
son   1
son   2
son   3
son   4
son   5
son   6
son   7
son   8
son   9
```

再次运行的结果也可能是按 parent、daughter、son 的顺序混合交叉输出。

3. 结果（源程序文件名为 5-2-4-3.c）

```
[root@localhost ~]# ./a.out
hello
my child is 1986
I am child!
^C                                          #按 Ctrl+C 结束
```

从以上程序运行结果可以看出：fork( )一次调用，两次返回。

5.2.6 分析原因

除 strace 外，也可用 ltrace -f -i -S ./executable-file-name 查看以上程序的执行过程：

```
[root@localhost ~]# yum install ltrace                    #安装 ltrace
[root@localhost ~]#ltrace  -f  -i  -S  ./a.out            #查看 a.out 程序执行过程
```

（1）从进程并发执行来看，各种情况都有可能。上面的三个进程没有同步措施，所以父进程与子进程的输出内容会叠加在一起。输出次序带有随机性。

（2）由于函数 printf( )在输出字符串时不会被中断，因此，字符串内部字符的输出顺序不变。但由于进程并发执行的调度顺序和父子进程抢占处理机问题，输出字符串的顺序和先后随着执行的不同而发生变化。这与打印单字符的结果相同。

5.2.7 进程树介绍

在 UNIX 系统中，只有 0 进程是在系统引导时被创建的，在系统初启动时由 0 进程创建 1 进程，之后 0 进程变成对换进程，1 进程成为系统中的始祖进程。UNIX 利用 fork( )为每个终端创建一个子进程为用户服务，如等待用户登录、执行 SHELL 命令解释程序等，每个终端进程又可利用 fork( )来创建其子进程，从而形成一棵进程树。可以说，系统中除 0 进程外的所有进程都是用 fork( )创建的。

练 习 题

1. Linux 子进程与父进程有什么区别？

2. 编写程序 5-3-1.c 创建如图 5-3 所示的进程树，在每个进程中显示当前进程标识符 PID 号和父进程标识符。

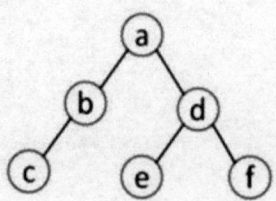

图 5-3 进程树图

实验 6　进程的控制

6.1　实验内容

6.1.1　实验目的

（1）掌握进程的其他创建方法。
（2）熟悉进程的睡眠、同步、撤销等控制方法。

6.1.2　实验环境

openEuler 下安装 gcc 编译器，使用 PuTTY 远程登录。

6.1.3　实验要求

（1）用 fork( )创建一个进程，再调用 exec( )用新的程序替换该子进程的内容。
（2）利用 wait( )来控制进程执行顺序。

6.2　实验指导

6.2.1　涉及的系统调用

在 Linux 中，fork( )是一个非常有用的系统调用，但除了 fork( )，也可用与 fork( )配合使用的 exec( )在 Linux 中创建进程。

1．exec( )系列

系统调用 exec( )系列，也可用于运行新程序。fork( )只是将父进程的用户级上、下文复制到新进程中，而 exec( )系列可以将一个可执行的二进制文件覆盖在新进程的用户级上、下文的存储空间上，以更改新进程的用户级上、下文。exec( )系列中的系统调用都完成相同的功能，它们把一个新程序装入内存来改变调用进程的执行代码，从而形成新进程。如果 exec( )调用成功，调用进程将被覆盖，然后从新程序的入口开始执行，这样就产生了一个新进程，新进程的进程标识符 id 与调用进程相同。

exec( )系列没有建立一个与调用进程并发的子进程，而是用新进程取代了原来进程。所以 exec( )调用成功后，没有任何数据返回，这与 fork( )不同。exec( )系列系统调用在 UNIX 系统库 unistd.h 中，有 execl、execlp、execle、execv、execvp，其基本功能相同，只是以不同的方式来给出参数。

一种是直接给出参数的指针，示例如下：
int execl(path,arg0[,arg1,...argn],0);

```
char *path,*arg0,*arg1,...,*argn;
```
另一种是给出指向参数表的指针，示例如下：
```
int execv(path,argv);
char *path,*argv[ ];
```

2．exec( )系列和 fork( )联合使用

系统调用 exec( )系列和 fork( )联合使用能为程序开发提供有力支持。用 fork( )建立子进程，然后在子进程中使用 exec( )系列，这样就实现了父进程与一个和它完全不同的子进程的并发执行。

一般，wait( )、exec( )联合使用的模型如下：
```
int status;
    …
if (fork( )= =0)
   {
      …;
      execl(...);
      …;
   }
wait(&status);
```

3．wait( )

如果子进程没有完成，父进程将一直等待。wait( )将调用进程挂起，直至其子进程因暂停或终止而发来软中断信号为止。如果在 wait( )前已有子进程暂停或终止，则调用进程进行适当处理后便返回。

系统调用格式：
```
int wait(status)
int *status;
```

其中，status 是用户空间的地址。它的低 8 位反映子进程状态，为 0 时表示子进程正常结束，非 0 时则表示出现了各种各样的问题；高 8 位则带回了 exit( )的返回值。exit( )返回值由系统给出。

核心对 wait( )进行以下处理：

（1）首先查找调用进程是否有子进程，若无则返回出错码。

（2）若找到一个处于"僵死状态"的子进程，则将子进程的执行时间加到父进程的执行时间上，并释放子进程的进程表项。

（3）若未找到处于"僵死状态"的子进程，则调用进程便在可被中断的优先级上睡眠，等待其子进程发来软中断信号时被唤醒。

4．exit( )

exit( )终止进程的执行，系统调用格式：
```
void exit(status)
int status;
```

其中，status 是返回给父进程的一个整数，以备查考。

为了及时回收进程所占用的资源并减少父进程的干预，UNIX/Linux 利用 exit( )来实现进程的自我终止，通常父进程在创建子进程时，应在进程的末尾安排一条 exit( )，使子进程自我

终止。exit(0)表示进程正常终止；exit(1)表示进程运行有错，异常终止。

如果调用进程在执行 exit( )时，其父进程正在等待它的终止，则父进程可立即得到其返回的整数，其目的是为 exit( )完成以下操作：

（1）关闭软中断。
（2）回收资源。
（3）写记账信息。
（4）设置进程为"僵死状态"。

6.2.2 参考程序

源程序文件名为 6-2-2-1.c，代码如下：

```
#include <stdio.h>
#include <unistd.h>
#include <stdlib.h>
#include <sys/wait.h>
int main( )
{
    int pid;
    pid=fork( );                              /*创建子进程*/
    switch(pid)
    {
        case  -1:                             /*创建失败*/
            printf("fork fail!\n");
            exit(1);
        case   0:                             /*子进程*/
            execl("/bin/ls","ls","-1","-color",NULL);
            printf("exec fail!\n");
            exit(1);
        default:                              /*父进程*/
            wait(NULL);                       /*同步*/
            printf("ls completed !\n");
            exit(0);
    }
}
```

6.2.3 运行结果

文件名为 6-2-2-1.c 的源程序编译通过，运行时相当于执行命令 ls -l -color，列出当前目录下所有文件和子目录（按倒序）：

```
[root@localhost ~]# gcc 6-2-2-1.c
[root@localhost ~]# ./a.out
总用量  264148
...
ls completed !
```

6.2.4 分析原因

程序在调用 fork( )建立一个子进程后,马上调用 wait( ),使父进程在子进程结束之前一直处于睡眠状态。子进程用 exec( )系列装入命令 ls 后,其代码被 ls 的代码取代,这时子进程的 PC 指向 ls 的第一条语句并开始执行 ls 的命令代码。

注意:在这里 wait( )提供了一种实现进程同步的简单方法,需要加载 sys/wait.h 文件头。

练 习 题

1. 可执行文件加载时进行了哪些处理?
2. 什么是进程同步? wait( )是如何实现进程同步的?

实验 7　进程的互斥

7.1　实验内容

7.1.1　实验目的

（1）修改程序 5-2-4-2.c，用 lockf( )来给每一个进程加锁，以实现进程之间的互斥。
（2）观察并分析出现的现象。

7.1.2　实验环境

openEuler 下安装 gcc 编译器，使用 PuTTY 远程登录。

7.1.3　实验要求

（1）进一步认识并发执行的实质。
（2）分析进程竞争资源的现象，学习解决进程互斥的方法。

7.2　实验指导

7.2.1　涉及的系统调用

锁定文件系统调用：lockf(files,function,size)，用于锁定文件的某些段或者整个文件。
本函数的头文件：
```
#include "unistd.h"
```
参数定义：
```
int lockf(files,function,size)
int files,function;
long size;
```
其中，files 是文件描述符；function 是锁定和解锁，1 表示锁定，0 表示解锁；size 是锁定或解锁的字节数，若为 0，则表示从文件的当前位置到文件尾。

7.2.2　参考程序

源程序文件名为 7-2-2-1.c，代码如下：
```
#include <stdio.h>
#include <unistd.h>
int main( )
{
```

```c
    int p1,p2,i;
    while((p1=fork( ))== -1);           /*创建子进程p1*/
    if (p1==0)
    {
        lockf(1,1,0);    /*加锁,这里第一个参数为stdout(标准输出设备的描述符)*/
        for(i=0;i<10;i++)
            printf("daughter %d\n",i);
        lockf(1,0,0);                   /*解锁*/
    }
    else
    {
        while((p2=fork( ))==-1);        /*创建子进程p2*/
        if (p2==0)
        {
            lockf(1,1,0);               /*加锁*/
            for(i=0;i<10;i++)
                printf("son %d\n",i);
            lockf(1,0,0);               /*解锁*/
        }
        else
        {
            lockf(1,1,0);               /*加锁*/
            for(i=0;i<10;i++)
                printf(" parent %d\n",i);
            lockf(1,0,0);               /*解锁*/
        }
    }
}
```

7.2.3 运行结果

文件名为 7-2-2-1.c 的源程序经过编译,执行结果如下:

```
[root@localhost ~]# gcc 7-2-2-1.c
[root@localhost ~]#./a.out
parent…
son…
daughter…
```

或

```
parent…
Daughter…
son…
```

7.2.4 分析原因

上述程序执行时,大致与未上锁的输出结果相同,输出结果 parent、daughter、son 的先后顺序有所不同。由于已经加锁处理,所以没有出现混合交叉输出的情况。

7.2.5 分析以下程序的输出结果

源程序文件名为 7-2-5-1.c，代码如下：

```c
#include <stdio.h>
#include <unistd.h>
#include <stdlib.h>
#include <sys/wait.h>
int main( )
{
    int p1,p2,i;
    FILE *fp;
    fp =fopen("to_be_locked.txt","w+");
    if(fp==NULL)
    {
        printf("Fail to create file");
        exit(-1);
    }
    while((p1=fork( ))==-1);              /*创建子进程 p1*/
    if(p1==0)
    {
        lockf((long)fp,1,0);              /*加锁*/
        for(i=0;i<10;i++)
            fprintf(fp,"daughter %d\n",i);
        lockf((long)fp,0,0);              /*解锁*/
    }
    else
    {
        while((p2=fork( ))==-1);          /*创建子进程 p2*/
        if (p2==0)
        {
            lockf((long)fp,1,0);          /*加锁*/
            for(i=0;i<10;i++)
            fprintf(fp,"son %d\n",i);
            lockf((long)fp,0,0);          /*解锁*/
        }
        else
        {
            wait(NULL);
            lockf((long)fp,1,0);          /*加锁*/
            for(i=0;i<10;i++)
            fprintf(fp,"parent %d\n",i);
            lockf((long)fp,0,0);          /*解锁*/
        }
    }
    fclose(fp);
}
```

注意：执行 cat to_be_locked.txt 查看输出结果。

练 习 题

1. 对文件名为 7-2-2-1.c 的源程序中的加锁、解锁语句进行注释后，重新编译，多次运行查看结果，分析每次运行后结果一样吗？会出现交叉输出的情况吗？

2. 对文件名为 7-2-5-1.c 的源程序中的加锁、解锁语句进行注释后，重新编译，多次运行，每次通过 cat to_be_locked.txt，分析每次运行后结果一样吗？会出现交叉输出的情况吗？

实验 8 进程间通信信号机制

8.1 实 验 内 容

8.1.1 实验目的

Linux 系统的进程间通信机构（Inter-Process Communication，IPC）允许在任意进程间大批量地交换数据。本实验的目的是了解和熟悉 Linux 支持的信号量机制、消息通信机制。

（1）了解什么是信号。

（2）熟悉 Linux 系统中进程之间软中断通信的基本原理。

8.1.2 实验环境

openEuler 下安装 gcc 编译器，使用 PuTTY 远程登录。

8.1.3 实验要求

（1）编写程序，用 fork( )创建两个子进程，再用系统调用 signal( )让父进程捕捉键盘上传来的中断信号（即按 Ctrl+C 键）；捕捉到中断信号后，父进程用系统调用 kill( )向两个子进程发出信号，子进程捕捉到信号后分别输出下列信息后终止。

Child process1 is killed by parent!
Child process2 is killed by parent!

父进程等待两个子进程终止后，输出下列信息后终止。

Parent process is killed!

（2）分析利用软中断通信实现进程同步的机理。

8.2 实 验 指 导

8.2.1 信号

1. 信号的基本概念

每个信号都对应一个正整数常量（称为 signal number，即信号编号。定义在系统头文件 <signal.h> 中），代表同一用户的各进程之间传送事先约定的信息的类型，用于通知某进程发生了某异常事件。

每个进程在运行时，都要通过信号机制来检查是否有信号到达。若有，便中断正在执行的程序，转向与该信号相对应的处理程序，以完成对该事件的处理；处理结束后再返回原来的断点继续执行。实质上，信号机制是对中断机制的一种模拟，故在早期的 UNIX 版本中又把它称为软中断。

(1) 信号与中断的相似点。

1) 采用了相同的异步通信方式。

2) 当检测出有信号或中断请求时,都暂停正在执行的程序而转去执行相应的处理程序。

3) 都在处理完毕后返回原来的断点。

4) 对信号或中断都可进行屏蔽。

(2) 信号与中断的区别。

1) 中断有优先级,而信号没有优先级,所有的信号都是平等的。

2) 信号处理程序是在用户态(目态)下运行的,而中断处理程序是在核心态(管态)下运行的。

3) 中断响应是及时的,而信号响应通常都有较大的时间延迟。

(3) 信号机制的功能。

1) 发送信号。发送信号的程序用系统调用 kill( )实现。

2) 预置对信号的处理方式。接收信号的程序用 signal( )来实现对处理方式的预置。

3) 收受信号的进程按事先的规定完成对相应事件的处理。

2. 信号的发送

信号的发送是指由发送进程把信号送到指定进程的信号域的某一位上。如果目标进程正在一个可被中断的优先级上睡眠,核心便将它唤醒,发送进程就此结束。一个进程可能在其信号域中有多个被置位,代表有多种类型的信号到达,但对于一类信号,进程却只能记住其中的某一个。进程用 kill( )向一个进程或一组进程发送一个信号。

3. 对信号的处理

当一个进程要进入或退出一个低优先级睡眠状态时,或一个进程即将从核心态返回用户态时,核心都要检查该进程是否已收到软中断信号。当进程处于核心态时,即使收到软中断信号也不予理睬;只有当它返回用户态后,才处理软中断信号。

对软中断信号的处理分三种情况进行:

(1) 如果进程收到的软中断信号是一个已决定要忽略的信号(function=1),则进程不进行任何处理便立即返回。

(2) 进程收到软中断信号后便退出(function=0)。

(3) 执行用户设置的软中断处理程序。

8.2.2 涉及的中断调用

1. kill( )

系统调用格式:

int kill(pid,sig)

参数定义:

int pid,sig;

其中,pid 是一个或一组进程的标识符,参数 sig 是要发送的软中断信号。

(1) pid>0 时,核心将信号发送给进程 pid。

(2) pid=0 时,核心将信号发送给与发送进程同组的所有进程。

（3）pid=-1 时，核心将信号发送给所有用户标识符真正等于发送进程的有效用户标识号的进程。

2．signal( )

signal( )预置对信号的处理方式，允许调用进程控制软中断信号。

系统调用格式：

signal(sig,function)

头文件：

#include <signal.h>

参数定义：

signal(sig,function)
int sig;
void (*func) ( )

其中 sig 用于指定信号的类型，sig 为 0 则表示没有收到任何信号，其他情况如表 8-1 所示。

表 8-1　sig 值表示的信号类型

值	名字	说明
01	SIGHUP	挂起（Hangup）
02	SIGINT	中断，当用户从键盘按 Ctrl+C 组合键或 Ctrl+Break 组合键时
03	SIGQUIT	退出，当用户从键盘按退出键时发此信号
04	SIGILL	非法指令
05	SIGTRAP	跟踪陷阱（Trace Trap），启动进程，跟踪代码的执行
06	SIGIOT	输入/输出陷阱（Input/Output Trap，IOT）指令
07	SIGEMT	仿真陷阱（Emulation Trap，EMT）指令
08	SIGFPE	浮点运算溢出
09	SIGKILL	杀死、终止进程
10	SIGBUS	总线错误
11	SIGSEGV	段违例（Segmentation Violation），进程试图去访问其虚地址空间以外的位置
12	SIGSYS	系统调用中参数错误，如系统调用号非法
13	SIGPIPE	向某个非读管道写入数据
14	SIGALRM	闹钟，当某进程希望在某时间后接收信号时发此信号
15	SIGTERM	软件终止（Software Termination）
16	SIGUSR1	用户自定义信号 1
17	SIGUSR2	用户自定义信号 2
18	SIGCLD	某个子进程死亡
19	SIGPWR	电源故障

function 是在该进程中的一个函数地址。在核心返回用户态时，它以软中断信号的序号作为参数调用该函数，对除了 SIGKILL，SIGTRAP 和 SIGPWR 以外的信号，核心自动地重新设置软中断信号处理程序的值为 SIG_DFL，一个进程不能捕获 SIGKILL 信号。

function 的解释如下：

（1）function=1 时，进程对 sig 类信号不予理睬，即屏蔽了该类信号。
（2）function=0 时，缺省值，进程在收到 sig 信号后应终止自己。
（3）function 为非 0、非 1 类整数时，function 的值即作为信号处理程序的指针。

8.2.3 参考程序

源程序文件名为 8-2-3-1.c，代码如下：

```c
#include <stdlib.h>
#include <stdio.h>
#include <signal.h>
#include <unistd.h>
#include <sys/wait.h>

void waiting( ),stop( );
int wait_mark;
int main( )
{
    int p1,p2,stdout;
    while((p1=fork( ))==-1);            /*创建子进程 p1*/
    if (p1>0)
    {
        while((p2=fork( ))==-1);        /*创建子进程 p2*/
        if(p2>0)
        {
            wait_mark=1;
            signal(SIGINT,stop);        /*接收到 Ctrl+C 信号，转 stop*/
            waiting( );
            kill(p1,16);                /*向 p1 发软中断信号 16*/
            kill(p2,17);                /*向 p2 发软中断信号 17*/
            wait(0);                    /*同步*/
            wait(0);
            printf("Parent process is killed!\n");
            exit(0);
        }
        else
        {
            wait_mark=1;
            signal(17,stop);            /*接收到软中断信号 17，转 stop*/
            waiting( );
            lockf(stdout,1,0);
            printf("Child process2 is killed by parent!\n");
            lockf(stdout,0,0);
            exit(0);
        }
    }
```

```
        else
        {
            wait_mark=1;
            signal(16,stop);                    /*接收到软中断信号 16，转 stop*/
            waiting( );
            lockf(stdout,1,0);
            printf("Child process1 is killed by parent!\n");
            lockf(stdout,0,0);
        exit(0);
        }
}

void waiting( )
{
    while(wait_mark!=0);
}

void stop( )
{
    wait_mark=0;
}
```

8.2.4　运行结果

文件名为 8-2-3-1.c 的源程序经过编译后，运行时屏幕上无反应，按下 Ctrl+C 组合键后，显示"Parent process is killed!"，示例如下：

```
[root@localhost ~]#gcc 8-2-3-1.c
[root@localhost ~]# ./a.out
^CParent process is killed!
```

8.2.5　分析原因

上述程序中，signal( )函数都放在一段程序的前面部位，而不是在其他接收信号处。这是因为 signal( )函数的执行只是为进程指定信号值 16 或 17，以及分配相应的与 stop( )过程连接的指针。因而，signal( )函数必须在程序的前面部分执行。本方法通信效率低，当通信数据量较大时一般不用此法。

8.2.6　存在问题及解决办法

1. 存在的问题

（1）"while((p1=fork( ))= =-1);"语句错误。

写法有错，应该是 while((p1=fork( ))==-1); C 语言中，"=="不能分开的。这里会导致出现编译问题。

（2）改好上面的代码后运行，会发现按下 Ctrl+C 组合键后，系统只会打印"Parent process is killed"。这是因为当按下 Ctrl+C 组合键的时候，系统会给父进程及其两个子进程都发送 SIGINT 信号（对 bash 来说，这三个进程都是前台进程，所以都发送），对于父进程来说，收到这个信号会调用 stop( )函数，但是对于两个子进程来说，默认对这个信号的处理就是退出，所以使用者看不到子进程的打印。

2．两种解决方法

（1）不要用按下 Ctrl+C 组合键的方法来发送 SIGINT，而是用 kill 命令来向父进程单独发送 SIGINT，如父进程 PID 是 12345，那么在终端下输入 kill -SIGINT 12345，就可以看到子进程打印了。

（2）在两个子进程中调用"signal(SIGINT, SIG_IGN);"，让子进程忽略 SIGINT 信号（具体可以放在原来代码中 signal(16, stop)和 signal(17, stop) 的后面），这样按下 Ctrl+C 组合键后，也能看到子进程的打印。

源程序文件名为 8-2-6-1.c，程序解释见备注信息，代码如下：

```c
#include <stdio.h>
#include <signal.h>
#include <unistd.h>
#include <stdlib.h>
#include <sys/wait.h>
void waiting( ),stop( );      /*声明两个函数，因为不是 int 类型的函数，所以必须提前声明才能调用*/
int wait_mark;                /*定义全局变量为程序停止标志*/
int main( ){
    int p1,p2;
    if(p1=fork( ))
/*启动一个子进程，并判断返回值，父进程时返回值是子进程号且大于 0，接着执行下面 if 大括号内的内容，子进程不会执行*/
    {
        if(p2=fork( ))        /*启动另一个子进程*/
        {
            wait_mark=1;      /*将全局变量设置为 1，这是为了使 waiting( )函数不会退出*/
            signal(SIGINT,stop);
/*设置信号函数处理方式，当收到键盘发送的键盘中断信号（如 Break 键被按下）时调用 stop( )函数*/
            waiting( );       /*进入循环等待状态*/
            kill(p1,16);      /*向子进程 1 发送信号 16 以中断子进程*/
            kill(p2,17);      /*向子进程 2 发送信号 17 以中断子进程*/
            wait(0);          /*wait( )函数会暂时停止目前进程的执行，直到有信号到来或子进程结束*/
            wait(0);          /**/
            printf("\nParent process is killed!\n");
/*打印父进程结束消息到屏幕*/
            exit(0);
        }
        else
/*如果目前执行的是子进程 p2，则得到的 fork( )返回值是 0，所以子进程 p2 将执行 else 下面的内容，父进程不会执行*/
        {
            wait_mark=1;
/*将全局变量设置为 1，这是为了使 waiting( )函数不会退出*/
            signal(SIGINT, SIG_IGN);
```

/*设置信号函数处理方式，当收到键盘发送的键盘中断信号（如 Break 键被按下）时将会忽略此信号*/
  signal(17,stop); /*设置信号函数处理方式，当收到系统发来的 17 信号时将调用 stop( )函数*/
  waiting( );   /*进入循环等待状态*/
  lockf(1,1,0); /*锁定屏幕输出，防止两个进程同抢*/
  printf("\nChild process2 is killed by parent!"); /*子进程 p2 输出*/
  lockf(1,0,0); /*解锁*/
  exit(0);
  }
}
else
/*如果目前执行的是子进程 p1，则得到的 fork( )返回值是 0，所以子进程 p1 将执行 else 下面的内容，父进程不会执行*/
  {
  wait_mark=1;
/*将全局变量设置为 1，这是为了使 waiting( )函数不会退出*/
  signal(SIGINT, SIG_IGN);
/*设置信号函数处理方式，当收到键盘发送的键盘中断信号（如 Break 键被按下）时调用 stop( )函数*/
  signal(16,stop); /*设置信号函数处理方式，当收到系统发来的 17 信号时将调用 stop( )函数*/
  waiting( );   /*进入循环等待状态*/
  lockf(1,1,0); /*锁定屏幕输出，防止两个进程同抢*/
  printf("\nChild process1 is killed by parent!"); /*子进程 p1 输出*/
  lockf(1,0,0); /*解锁*/
  exit(0);
  }
}
void waiting( ) /*使程序进入循环等待状态，防止程序退出*/
{
  while (wait_mark!=0); /*循环判断全局变量 wait_mark 是否为 0，为 0 时退出*/
}

void stop( ) /*回调函数，当父进程收到键盘中断信号时执行，子进程收到父进程发来的信号 16、17 时执行*/
{
  wait_mark=0; /*设置全局变量为 0，使 waiting( )函数退出*/
}

文件名为 8-2-6-1.c 的源程序，经编译执行的结果如下：

```
[root@localhost ~]# gcc 8-2-6-1.c
[root@localhost ~]# ./a.out
^C
Child process2 is killed by parent!
Child process1 is killed by parent!
Parent process is killed!
[root@localhost ~]# ./a.out
^C
Child process1 is killed by parent!
Child process2 is killed by parent!
```

```
Parent process is killed!
[root@localhost ~]#
```

从程序执行的结果看，符合程序设计要求。

练 习 题

1．该程序段前面部分用了两个 wait(0)，它们起什么作用？
2．该程序段中每个进程退出时都用了语句 exit(0)，为什么？
3．每次 8-2-6-1.c 程序执行时，按 Ctrl+C 组合键的执行结果都是一样吗？

实验 9 进程的管道通信

9.1 实 验 内 容

9.1.1 实验目的

（1）了解什么是管道。
（2）熟悉 Linux 支持的管道通信方式。

9.1.2 实验环境

openEuler 下安装 gcc 编译器，使用 PuTTY 远程登录。

9.1.3 实验要求

编写程序实现进程的管道通信。用系统调用 pipe( )建立一个管道，两个子进程 P1 和 P2 分别向管道写一句话：
Child 1 is sending a message!
Child 2 is sending a message!
父进程从管道中读出来自子进程的两个信息并显示（要求先接收 P1，后接收 P2）。

9.2 实 验 指 导

9.2.1 管道

UNIX 系统在操凭借系统的发展上，最重要的贡献之一便是该系统首创了管道（pipe）。这也是 UNIX 系统的一大特色。管道是指能够连接一个写进程和一个读进程并允许它们以生产者—消费者方式进行通信的一个共享文件，又称为 pipe 文件。由写进程从管道的写入端（句柄 1）将数据写入管道，读进程则从管道的读出端（句柄 0）读出数据，如图 9-1 所示。

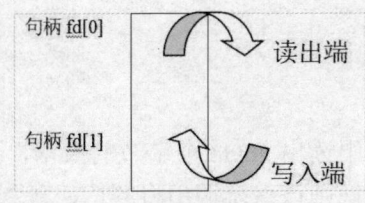

图 9-1 管道示意图

9.2.2 管道的类型

1. 无名管道

无名管道是一个临时文件,是利用 pipe( )建立起来的无名文件(无路径名)。用该系统调用所返回的文件描述符来标识该文件,故只有调用 pipe( )的进程及其子孙进程才能识别此文件描述符,才能利用该文件(管道)进行通信。当这些进程不再使用此管道时,核心收回其索引结点。

2. 有名管道

有名管道是一个可以在文件系统中长期存在的、具有路径名的文件,用系统调用 mknod( )建立。它克服无名管道使用上的局限性,可让更多的进程能利用管道进行通信。因而其他进程可以知道它的存在,并能利用路径名来访问该文件。有名管道的访问方式与访问其他文件一样,需要先用 open( )打开。

两种管道的读写方式是相同的,本书只讲无名管道。

3. pipe 文件的建立

建立 pipe 文件的作用是分配磁盘和内存索引结点、为读进程分配文件表项、为写进程分配文件表项、分配用户文件描述符。

4. 读/写进程互斥

内核为地址设置一个读指针和一个写指针,按先进先出的顺序读/写。为使读/写进程互斥地访问 pipe 文件,须使各进程互斥地访问 pipe 文件索引结点中的直接地址项。因此,每次进程在访问 pipe 文件前,都需检查该索引文件是否已被上锁。若是,则进程睡眠等待,否则,将其上锁,进行读/写。操作结束后解锁,并唤醒因该索引结点上锁而睡眠的进程。

9.2.3 涉及的系统调用

1. pipe( )

pipe( )可建立一个无名管道。

系统调用格式:

pipe(filedes)

参数定义:

int pipe(filedes);
int filedes[2];

其中,filedes[1]是写入端,filedes[0]是读出端。

该函数使用的头文件如下:

#include <unistd.h>
#inlcude <signal.h>
#include <stdio.h>

2. read( )

read( )可从 fd 所指示的文件中读出 nbyte 个字节的数据,并将它们送至由指针 buf 所指示的缓冲区中。如果该文件被加锁,则该系统调用将等待,直到锁打开为止。

系统调用格式:

read(fd,buf,nbyte)

参数定义：
int read(fd,buf,nbyte);
int fd;
char *buf;
unsigned nbyte;

3. write( )

write( )可把 nbyte 个字节的数据从 buf 所指向的缓冲区写到由 fd 所指向的文件中。如果文件加锁，则暂停写入，直至开锁。

系统调用格式：
read(fd,buf,nbyte)

参数定义同 read( )。

9.2.4 参考程序

源程序文件名为 9-2-4-1.c，代码如下：

```c
#include <stdlib.h>
#include <unistd.h>
#include <signal.h>
#include <stdio.h>
#include <sys/wait.h>
int pid1,pid2;

int main( )
{
    int fd[2];
    char outpipe[100],inpipe[100];
    pipe(fd);                         /*创建一个管道*/
    while ((pid1=fork( ))==-1);
    if(pid1==0)
    {
        lockf(fd[1],1,0);
        sprintf(outpipe,"Child 1 is sending a message!");
        /*把串放入数组 outpipe 中*/
        write(fd[1],outpipe,50);      /*向管道写长为 50 个字节的串*/
        sleep(5);                     /*自我阻塞 5 秒*/
        lockf(fd[1],0,0);
        exit(0);
    }
    else
    {
        while((pid2=fork( ))==-1);
        if(pid2==0)
        {   lockf(fd[1],1,0);         /*互斥*/
            sprintf(outpipe,"Child 2 is sending a message!");
            write(fd[1],outpipe,50);
```

```
                sleep(5);
                lockf(fd[1],0,0);
                exit(0);
            }
            else
            {   wait(0);                        /*同步*/
                read(fd[0],inpipe,50);          /*从管道中读长为 50 个字节的串*/
                printf("%s\n",inpipe);
                wait(0);
                read(fd[0],inpipe,50);
                printf("%s\n",inpipe);
            exit(0);
            }
        }
    }
```

9.2.5 运行结果

文件名为 9-2-4-1.c 的源程序经过编译，执行结果如下：

[root@localhost ~]# gcc 9-2-4-1.c
[root@localhost ~]# ./a.out
Child 1 is sending a message!
Child 2 is sending a message!
[root@localhost ~]#

延迟 5 秒后显示如下：

Child 1 is sending a message!

再延迟 5 秒显示如下：

Child 2 is sending a message!

练 习 题

1. 程序中的 sleep(5)起什么作用？
2. 子进程 1 和 2 为什么也能对管道进行操作？

实验10 进程通信之消息的发送与接收

10.1 实验内容

10.1.1 实验目的

（1）了解什么是消息。
（2）熟悉消息传送的机理。

10.1.2 实验环境

openEuler 下安装 gcc 编译器，使用 PuTTY 远程登录。

10.1.3 实验要求

消息的创建、发送和接收。使用系统调用 msgget( )、msgsnd( )、msgrcv( )及 msgctl( )编制一长度为 1KB 的消息发送和接收的程序。

10.2 实验指导

10.2.1 消息

消息（message）是一个格式化的可变长的信息单元。消息机制允许一个进程给其他任意的进程发送一个消息。当一个进程收到多个消息时，可将它们排成一个消息队列。消息使用两种重要的数据结构：一是消息首部；二个消息队列头表。

1. 消息机制的数据结构

（1）消息首部。消息首部记录一些与消息有关的信息，如消息的类型、大小，指向消息数据区的指针，消息队列的链接指针等。

（2）消息队列头表。消息队列头表的每一项作为一个消息队列的消息头，记录了消息队列的有关信息，如指向消息队列中第一个消息和最后一个消息的指针、队列中消息的数目、队列中消息数据的总字节数、队列所允许消息数据的最大字节总数、最近一次执行发送操作的进程标识符和时间、最近一次执行接收操作的进程标识符和时间等。

2. 消息队列的描述符

UNIX 中，每一个消息队列都有一个称为关键字（key）的名字，其由用户指定。消息队列有消息队列描述符，其作用与用户文件描述符一样，也是为了方便用户和系统对消息队列的访问。

10.2.2 涉及的系统调用

1．msgget( )

使用 msgget( )可以创建一个消息，获得一个消息的描述符。核心将搜索消息队列头表，确定是否有指定名字的消息队列。若无，则核心将分配一个新的消息队列头，并对它进行初始化，然后给用户返回一个消息队列描述符，否则它只是检查消息队列的许可权便返回。

系统调用格式：

msgqid=msgget(key,flag)

该函数使用的头文件如下：

#include<sys/types.h>
#include<sys/ipc.h>
#include<sys/msg.h>

参数定义：

int msgget(key,flag)
key_t key;
int flag;

其中，key 是用户指定的消息队列的名字；flag 是用户设置的标志和访问方式。

如 IPC_CREAT |0400 是否该队列已被创建。无则创建，是则打开。

IPC_EXCL |0400 是否该队列的创建应是互斥的。

该系统调用返回的描述符是 msgqid，失败则给 msgqid 返回-1。

2．msgsnd( )

使用 msgsnd( )可向指定的消息队列发送一个消息，并将该消息连接到该消息队列的尾部。

系统调用格式：

msgsnd(msgqid,msgp,size,flag)

该函数使用的头文件如下：

#include <sys/types.h>
#include <sys/ipc.h>
#include <sys/msg.h>

参数定义：

int msgsnd(msgqid,msgp,size,flag)
int msgqid,size,flag;
struct msgbuf * msgp;

其中 msgqid 是返回消息队列的描述符；msgp 是指向用户消息缓冲区的一个结构体指针。缓冲区中包括消息类型和消息正文，如下所示：

{   long   mtype;   /*消息类型*/
    char   mtext[ ];   /*消息的文本*/ }

size 指示由 msgp 指向的数据结构中字符数组的长度，即消息的长度。这个数组的最大值由 MSG-MAX( )系统可调用参数来确定。flag 规定当核心用尽内部缓冲空间时应执行的动作：进程是等待还是立即返回。若在标志 flag 中未设置 IPC_NOWAIT 位，则当该消息队列中的字节数超过最大值时，或系统范围的消息数超过某一最大值时，调用 msgsnd( )使进程睡眠；若在标志 flag 中设置了 IPC_NOWAIT 位,则在此情况下调用 msgsnd( )无需等待立即返回。

对于 msgsnd( ),核心须完成以下工作:

(1) 对消息队列的描述符和许可权及消息长度等进行检查。若合法则继续执行,否则返回。

(2) 为消息分配消息数据区。将用户消息缓冲区中的消息正文复制到消息数据区。

(3) 分配消息首部,并将它连入消息队列的末尾。在消息首部中须填写消息类型、消息大小和指向消息数据区的指针等数据。

(4) 修改消息队列头表中的数据,如队列中的消息数、字节总数等。最后唤醒等待消息的进程。

3. msgrcv( )

使用 msgrcv( )可以从指定的消息队列中接收指定类型的消息。

系统调用格式:

msgrcv(msgqid,msgp,size,type,flag)

本函数使用的头文件如下:

#include <sys/types.h>
#include <sys/ipc.h>
#include <sys/msg.h>

参数定义:

int msgrcv(msgqid,msgp,size,type,flag)
int msgqid,size,flag;
struct msgbuf *msgp;
long type;

其中,msgqid、msgp、size、flag 与 msgsnd 中的对应参数相似,type 是规定要读的消息类型,flag 规定该队列无消息时核心应进行的操作。如此时 flag 中设置了 IPC_NOWAIT 标志,如果没有返回条件的消息调用立即返回,此时错误码为 ENOMSG;若在 flag 中设置了 IPC_NOERROR 标志,如果队列中满足条件的消息内容大于所请求的 size 字节,则把该消息截断,截断部分将被丢弃。

对于 msgrcv( )系统调用,核心须完成以下工作:

(1) 对消息队列的描述符和许可权等进行检查。若合法则继续执行,否则返回。

(2) 根据 type 的不同分成三种情况处理:

1) type=0,接收该队列的第一个消息,并将它返回给调用者。

2) type 为正整数,接收类型 type 的第一个消息。

3) type 为负整数,接收小于等于 type 绝对值的最低类型的第一个消息。

(3) 当所返回消息的大小等于或小于用户的请求时,便将消息正文复制到用户区,并从消息队列中删除此消息,然后唤醒睡眠的发送进程。但如果消息长度比用户要求的大时,则给出相应的错误代码返回。

4. msgctl( )

使用 msgctl( )可以实现对消息队列的操纵,读取消息队列的状态信息并进行修改,如查询消息队列描述符、修改它的许可权及删除该队列等。

系统调用格式:

msgctl(msgqid,cmd,buf)

本函数使用的头文件如下：
```
#include <sys/types.h>
#include <sys/ipc.h>
#include <sys/msg.h>
```
参数定义：
```
int msgctl(msgqid,cmd,buf);
int msgqid,cmd;
struct msgqid_ds *buf;
```
其中，函数调用成功时返回 0，不成功则返回-1。Buf 是用户缓冲区地址，供用户存放控制参数和查询结果。cmd 是规定的命令，可分三类：

（1）IPC_STAT。IPC_STAT 命令是查询有关消息队列情况的命令，如查询队列中的消息数目、队列中的最大字节数、最后一个发送消息的进程标识符、发送时间等。

（2）IPC_SET。IPC_SET 命令可以按 buf 指向的结构中的值，来设置和改变有关消息队列属性的命令。如改变消息队列的用户标识符、消息队列的许可权等。

（3）IPC_RMID。IPC_RMID 命令可以用来消除消息队列的标识符。

msgqid_ds 结构定义如下：
```
struct msgqid_ds
{   struct ipc_perm msg_perm;       /*许可权结构*/
    short pad1[7];                  /*由系统使用*/
    ushort msg_qnum;                /*队列上消息数*/
    ushort msg_qbytes;              /*队列上最大字节数*/
    ushort msg_lspid;               /*最后发送消息的PID*/
    ushort msg_lrpid;               /*最后接收消息的PID*/
    time_t msg_stime;               /*最后发送消息的时间*/
    time_t msg_rtime;               /*最后接收消息的时间*/
    time_t msg_ctime;               /*最后更改时间*/
};
struct ipc_perm
{   ushort uid;                     /*当前用户*/
    ushort gid;                     /*当前进程组*/
    ushort cuid;                    /*创建用户*/
    ushort cgid;                    /*创建进程组*/
    ushort mode;                    /*存取许可权*/
{   ushort __seq                    /*序列号（系统内部使用）*/
};
```

10.2.3 参考程序

1. 客户端程序

客户端源程序文件名为 client.c，代码如下：
```
#include <stdlib.h>
#include <stdio.h>
#include <sys/types.h>
#include <sys/msg.h>
```

```c
#include <sys/ipc.h>
#define MSGKEY 75
struct msgform
{   long mtype;
    char mtext[1000];
}msg;
int msgqid;

int client( )
{
    int i;
    msgqid=msgget(MSGKEY,0777);            /*打开75#消息队列*/
    for(i=10;i>=1;i--)
    {
        msg.mtype=i;
        printf("(client)sent\n");
        msgsnd(msgqid,&msg,1024,0);        /*发送消息*/
    }
exit(0);
}

int main( )
{
    client( );
}
```

2. 服务端程序

服务端源程序文件名为 server.c，代码如下：

```c
#include <sys/types.h>
#include <sys/msg.h>
#include <sys/ipc.h>
#define MSGKEY 75
struct msgform
{   long mtype;
    char mtext[1000];
}msg;
int msgqid;

void server( )
{
    msgqid=msgget(MSGKEY,0777|IPC_CREAT);  /*创建75#消息队列*/
    do
    {
        msgrcv(msgqid,&msg,1030,0,0);      /*接收消息*/
        printf("(server)received\n");
    }while(msg.mtype!=1);
msgctl(msgqid,IPC_RMID,0);                 /*删除消息队列，归还资源*/
```

```
    exit(0);
}

main( )
{
    server( );
}
```

10.2.4 程序说明

（1）为了便于操作和观察结果，编译两个程序 client.c 和 server.c 为 client 与 server，分别用于消息的发送与接收：

```
[root@localhost ~]# gcc -o server server.c
[root@localhost ~]# gcc -o client client.c
```

（2）server 建立一个 key 为 75 的消息队列，等待其他进程发来的消息。当遇到类型为 1 的消息时，将其作为结束信号，取消该队列，并退出 server。server 每接收到一个消息后显示一句"(server)received"。

（3）client 使用 key 为 75 的消息队列，先后发送类型从 10～1 的消息，然后退出，最后一个消息即为 server 端需要的结束信号。client 每发送一条消息后显示一句"(client)sent"。

（4）执行及结果如下：

```
[root@localhost ~]# ./server&
[1] 3319
[root@localhost ~]# ./client
(client)sent
(client)sent
(client)sent
(client)sent
(client)sent
(client)sent
(client)sent
(client)sent
(client)sent
(client)sent
(server)received
(server)received
(server)received
(server)received
(server)received
(server)received
(server)received
(server)received
(server)received
(server)received
[1]+  已完成               ./server
[root@localhost ~]#
```

10.2.5 运行结果

从理想的结果来说，应该是每当 client 发送一条消息后，server 接收该消息，client 再发送下一条。也就是说"(client)sent"和"(server)received"的字样应该在屏幕上交替出现。实际的结果大多是，client 和 server 分别发送和接收了 10 条消息，与预期设想一致。

练 习 题

message 的传送和控制并不保证完全同步，当一个程序不在激活状态的时候，它完全可能继续睡眠，造成了上面的现象，在多次发送消息后才接收消息。这一点有助于理解消息传送的实现机制。

实验 11 进程通信之共享存储区通信

11.1 实验内容

11.1.1 实验目的

了解和熟悉共享存储机制。

11.1.2 实验环境

openEuler 下安装 gcc 编译器,使用 PuTTY 远程登录。

11.1.3 实验要求

编制一个长度为 1KB 的共享存储区用于发送和接收消息。

11.2 实验指导

11.2.1 共享存储区

共享存储区(Share Memory)是 UNIX 系统中通信速度最高的一种通信机制。该机制可使若干进程共享主存中的某一个区域,且使该区域出现(映射)在多个进程的虚地址空间中。一个进程的虚地址空间中可连接多个共享存储区,每个共享存储区都有自己的名字。

当进程之间想要利用共享存储区进行通信时,必须先在主存中建立一个共享存储区,然后将它附接到自己的虚地址空间上。此后,进程对该区的访问操作,与对其虚地址空间的其他部分的操作完全相同。进程之间便可通过对共享存储区中数据的读、写来进行直接通信。如图 11-1 所示,两个进程通过共享一个共享存储区来进行通信,其中,进程 A 将建立的共享存储区附接到自己的 AA'区域,进程 B 将它附接到自己的 BB'区域。

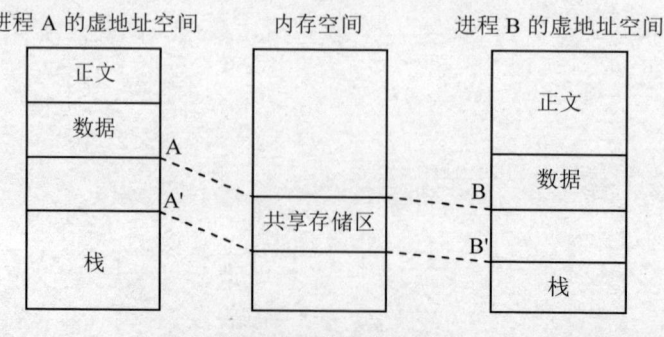

图 11-1 共享存储区

共享存储区机制只为进程提供了用于实现通信的共享存储区和对共享存储区进行操作的手段，然而并未提供对该区进行互斥访问及进程同步的措施。因而当用户需要使用该机制时，必须自己设置同步和互斥措施才能保证实现正确的通信。

11.2.2 涉及的系统调用

1．shmget( )

shmget( )用于创建、获得一个共享存储区。

系统调用格式：

shmid=shmget(key,size,flag)

该函数使用的头文件如下：

#include<sys/types.h>
#include<sys/ipc.h>
#include<sys/shm.h>

参数定义：

int shmget(key,size,flag);
key_t key;
int size,flag;

其中，key 是共享存储区的名字；size 是其大小（以字节计）；flag 是用户设置的标志，如 IPC_CREAT。IPC_CREAT 表示若系统中尚无指定的共享存储区，则由核心建立一个共享存储区；若系统中已有共享存储区，便忽略 IPC_CREAT。

附：

操作权限	权限标志（八进制数）
用户可读	0400
用户可写	0200
小组可读	0040
小组可写	0020
其他可读	0004
其他可写	0002

创建 key 对应大小为 size 的共享内存，权限为用户可读写，组和其他可读。其控制命令为 IPC_CREAT，值为 0644，如下：

int shmid = shmget(key, size, IPC_CREAT | 0644)

2．shmat( )

shmat( )用于共享存储区的附接。它从逻辑上将一个共享存储区附接到进程的虚地址空间上。

系统调用格式：

virtaddr=shmat(shmid,addr,flag)

该函数使用的头文件如下：

#include<sys/types.h>
#include<sys/ipc.h>

```
#include<sys/shm.h>
```

参数定义：

```
char *shmat(shmid,addr,flag);
int shmid,flag;
char * addr;
```

其中，shmid 是共享存储区的标识符；addr 是用户给定的，将共享存储区附接到进程的虚地址空间；flag 规定共享存储区的读/写权限，以及系统是否应对用户规定的地址进行舍入操作。flag 的值为 SHM_RDONLY 时，表示只能读；其值为 0 时，表示可读、可写；其值为 SHM_RND（取整）时，表示操作系统在必要时舍去这个地址。该系统调用的返回值是共享存储区所附接到的进程虚地址 viraddr。

3. shmdt( )

shmdt( )用于把一个共享存储区从指定进程的虚地址空间断开。

系统调用格式：

```
shmdt(addr)
```

该函数使用的头文件如下：

```
#include<sys/types.h>
#include<sys/ipc.h>
#include<sys/shm.h>
```

参数定义：

```
int shmdt(addr);
char addr;
```

其中，addr 是要断开连接的虚地址，即以前由连接的系统调用 shmat( )所返回的虚地址。调用成功时，返回 0 值；调用不成功，则返回-1。

4. shmctl( )

shmctl( )用于共享存储区的控制，对其状态信息进行读取和修改。

系统调用格式：

```
shmctl(shmid,cmd,buf)
```

该函数使用的头文件如下：

```
#include<sys/types.h>
#include<sys/ipc.h>
#include<sys/shm.h>
```

参数定义：

```
int shmctl(shmid,cmd,buf);
int shmid,cmd;
struct shmid_ds *buf;
```

其中，buf 是用户缓冲区地址，cmd 是操作命令。命令可分为多种类型，具体如下：

（1）用于查询有关共享存储区的情况。如其长度、当前连接的进程数、共享区的创建者标识符等。

（2）用于设置或改变共享存储区的属性。如共享存储区的许可权、当前连接的进程计数等。

（3）对共享存储区加锁和解锁。

（4）删除共享存储区标识符等。

上述查询是将 shmid 所指示的数据结构中的有关成员放入所指示的缓冲区中；而设置是用由 buf 所指示的缓冲区内容来设置由 shmid 所指示的数据结构中的相应成员。

11.2.3 参考程序

源程序文件名为 11-2-3-1.c，代码如下：

```c
#include <stdlib.h>
#include <stdio.h>
#include <unistd.h>
#include <sys/types.h>
#include <sys/shm.h>
#include <sys/ipc.h>
#include <sys/wait.h>

#define SHMKEY 75
int shmid,i;
int *addr;

void client( )
{   int i;
    shmid=shmget(SHMKEY,1024,0777);        /*打开共享存储区*/
    addr=shmat(shmid,0,0);                 /*获得共享存储区首地址*/
    for (i=9;i>=0;i--)
    {   while (*addr!=-1);
        printf("(client) sent\n");
        *addr=i;
    }
    exit(0);
}

void server( )
{
    shmid=shmget(SHMKEY,1024,0777|IPC_CREAT);  /*创建共享存储区*/
    addr=shmat(shmid,0,0);                     /*获取共享存储区首地址*/
    do
    {
        *addr=-1;
        while (*addr==-1);
        printf("(server) received\n");
    }while (*addr);
shmctl(shmid,IPC_RMID,0);                      /*撤销共享存储区，归还资源*/
exit(0);
}
```

```
int main( )
{
    while ((i=fork( ))==-1);
    if (!i) server( );
    system("ipcs   -m");
    while ((i=fork( ))==-1);
    if (!i) client( );
    wait(0);
    wait(0);
}
```

11.2.4 程序说明

对文件名为 11-2-3-1.c 的源程序进行编译，执行结果如下：

```
[root@localhost ~]# gcc 11-2-3-1.c
[root@localhost ~]# ./a.out
------------ 共享内存段 --------------
键            shmid     拥有者    权限    字节      连接数   状态
0x0000004b 4            root      777     1024      1

(client) sent
(server) received
(client) sent
(server) received
...
(client) sent
(server) received
[root@localhost ~]#
```

（1）为了便于操作和观察结果，用一个程序作为"引子"，先后 fork( )两个子进程（server 和 client），然后进行通信。

（2）server 建立一个 key 为 75 的共享存储区，并将第一个字节置为-1，是数据为空的标志。等待其他进程发来的消息。当该字节的值发生变化时，表示收到了信息，server 进行处理，然后再次把它的值设为-1。如果遇到的值为 0，则视为结束信号，取消该队列，并退出 server。server 每接收到一次数据后显示"(server)received"。

（3）client 建立一个 key 为 75 的共享存储区，当共享存储区取得第一个字节为-1 时，server 空闲，可发送请求。client 随即填入 9～0。期间等待 server 再次空闲。进行完这些操作后，client 退出。client 每发送一次数据后显示"(client)sent"。

（4）父进程在 server 和 client 均退出后结束。

11.2.5 运行结果

和预想的完全一样。但在运行过程中，发现每当 client 发送一次数据后，server 要等待大约 0.1 秒才有响应。同样，之后 client 又需要等待大约 0.1 秒才发送下一个数据。

11.2.6 程序分析

出现上述应答延迟的现象是程序设计的问题。当 client 发送了数据后,并没有任何措施通知 server 数据已经发出,需要由 client 查询才能感知。此时,client 并没有放弃系统的控制权,仍然占用 CPU 的时间片。只有当系统进行调度时,切换到了 server 进程,server 才能再进行应答。这个问题也同样存在于 server 到 client 的应答过程中。

练 习 题

1. 为了便于操作和观察结果,如何合理地设计程序来实现子进程间的共享存储区通信?
2. 比较消息通信和共享存储区通信这两种进程通信机制的性能和优缺点。

实验 12 动态优先权的进程调度算法的模拟

12.1 实 验 内 容

12.1.1 实验目的

通过动态优先权算法的模拟加深对进程概念和进程调度过程的理解。

12.1.2 实验环境

openEuler 下安装 gcc 编译器，使用 PuTTY 远程登录。

12.1.3 实验要求

（1）用 C 语言来实现对 N 个进程采用动态优先权算法的进程调度。
（2）对每个用来标识进程的进程控制块 PCB 用结构描述，包括以下字段。
1）进程标识数 Id。
2）进程优先数 Priority。
3）进程占用的 CPU 时间片 CPU_time。
4）进程还需占用的 CPU 时间片 All_time，运行多少时间片之后进入 Block_time，阻塞的时间 Start_block，进程状态 State 等。
（3）优先数改变的原则：进程在就绪队列中每占用一个时间片，优先数增加 1。
进程每运行一个时间片优先数减 3。
（4）设置调度前的初始状态。
（5）将每个时间片内的进程情况显示出来。

12.2 实 验 指 导

12.2.1 参考程序

源程序文件名为 12-2-1-1.c，代码如下：

```
#include <iostream>
#include <vector>
using namespace std;               //定义进程控制块
struct PCB{
    int Id;
    int Priority;                  //优先数
    int CPU_time;                  //已占用的 CPU 时间片
```

```cpp
        int All_time;              //还需占用的 CPU 时间片
        int Start_block;           //运行多少个时间片之后开始进入 Block_time
        int Block_time;            //阻塞的时间
        int State;                 //状态   0 为就绪   1 为阻塞   2 为完成
};
//给进程控制块赋值
struct PCB p[5]=
{
    {0,9,0,3,2,3,0},
    {1,38,0,3,-1,0,0},
    {2,30,0,6,-1,0,0},
    {3,29,0,3,-1,0,0},
    {4,0,0,4,-1,0,0}
};                                 //容器，当作队列用
vector<PCB> ready_queue;           //就绪队列
vector<PCB> block_queue;           //阻塞队列
vector<PCB> finish_queue;          //结束队列
//输出函数
void print( ){
    cout<<"running prog:"<<ready_queue[0].Id<<endl;
    cout<<"ready_queue:";
    for(int i=0;i<ready_queue.size( );i++){
        cout<<"-> "<<ready_queue[i].Id;
    }
    cout<<endl;
    cout<<"block_queue:";
    for(int i=0;i<block_queue.size( );i++){
        cout<<"-> "<<block_queue[i].Id;
    }
    cout<<endl;
    cout<<"id\t prio\t cpu_time\t all_time\t ";
    cout<<"start_block\t block_time\t state"<<endl;
    for(int i=0;i<5;i++){
        if(!ready_queue.empty( )){
            for(int a=0;a<ready_queue.size( );a++){
                if(ready_queue[a].Id==i){
                    cout<<ready_queue[a].Id<<"\t"<< ready_queue[a].Priority<<"\t"<<"\t"<<ready_queue[a].CPU_time<<"\t";
                    cout<<"\t"<<ready_queue[a].All_time<<"\t"<<"\t"<<ready_queue[a].Start_block<<"\t"<<"\t"<<ready_queue[a].Block_time<<"\t"<<"\t"<<ready_queue[a].State<<endl;
                    break;
                }
            }
        }
        if(!block_queue.empty( )){
            for(int b=0;b<block_queue.size( );b++){
```

```cpp
                            if(block_queue[b].Id==i){
                                cout<<block_queue[b].Id<<"\t"<< block_queue[b].Priority<<"\t" <<"\t"<<block_queue[b].CPU_time<<"\t";
                                cout<<"\t"<<block_queue[b].All_time<<"\t"<<"\t"<<block_queue[b].Start_block<<"\t"<<"\t"<<block_queue[b].Block_time<<"\t"<<"\t"<<block_queue[b].State<<endl;
                                break;
                            }
                        }
                    }
                    if(!finish_queue.empty( )){
                        for(int c=0;c<finish_queue.size( );c++){
                            if(finish_queue[c].Id==i){
                                cout<<finish_queue[c].Id<<"\t"<< finish_queue[c].Priority<<"\t"<<"\t"<<finish_queue[c].CPU_time<<"\t";
                                cout<<"\t"<<finish_queue[c].All_time<<"\t"<<"\t"<<finish_queue[c].Start_block<<"\t"<<"\t"<<finish_queue[c].Block_time<<"\t"<<"\t"<<finish_queue[c].State<<endl;
                                break;
                            }
                        }
                    }
                }
            }
    }
    //每一个时钟脉冲之后,对就绪队列的内容重新排序
    void sortqueue( ){
        //ready_queue 里面还有进程控制块吗？有或者没有
        if( (ready_queue.empty( ))&&(block_queue.empty( )) )
            return;
        else{
            for(int i=0;i<ready_queue.size( )-1;i++){
                for(int j=i+1;j<ready_queue.size( );j++){
                    if(ready_queue[i].Priority < ready_queue[j].Priority){
                        swap(ready_queue[i],ready_queue[j]);            //冒泡算法，swap 交换函数
                    }
                }
            }
        }
    }
    //执行函数执行的是就绪队列的第一个单元
    //执行相当于对第一个元素的某些值进行加减
    void run( ){
        if(!ready_queue.empty( )){                      //就绪队列没空
            ready_queue[0].Priority-=3;
            ready_queue[0].CPU_time++;
            ready_queue[0].All_time--;
            //除执行进程以外的进程优先数加 1
            for(int i=1;i<ready_queue.size( );i++)
```

```cpp
            ready_queue[i].Priority+=1;
        //已阻塞的进程等待 Block_time 时间片后,将转换为就绪状态
        if(!block_queue.empty( )){
            for(int i=0;i<block_queue.size( );i++){
                block_queue[i].Block_time--;
                if(block_queue[i].Block_time==0){
                    block_queue[i].State=0;            //就绪
                    ready_queue.push_back(block_queue[i]);
                    block_queue.erase(block_queue.begin( )+i);
                }
            }
        }
        }/*至此,是一个时间片对于某些因素的改变,至于是否到了队列变换的时候,接下来再去判断*/
        //全部遍历一遍,是否需要去阻塞
        for(int i=0;i<ready_queue.size( );i++){
            if(ready_queue[i].Start_block>0){
                ready_queue[i].Start_block--;
                //去阻塞
                if(ready_queue[i].Start_block==0){
                    ready_queue[i].State=1;            //状态为 1,阻塞
                    block_queue.push_back(ready_queue[i]);
                    ready_queue.erase(ready_queue.begin( )+i);
                }
            }
        }
        //没有执行时间,调入结束队列
        if(ready_queue[0].All_time<=0){
            ready_queue[0].State=2;                    //状态为 2,结束
            finish_queue.push_back(ready_queue[0]);    //在 push_back 最后一个向量后插入一个元素
            ready_queue.erase(ready_queue.begin( )+0); //删除第 0 个元素,并将后面的元素前移一位
        }
    }
}
int main( ){
    //将所有的 PCB 输入就绪队列,再排序
    for(int i=0;i<5;i++){
        ready_queue.push_back(p[i]);
    }
    int num=1;
    for(;!ready_queue.empty( );){
        cout<<num++<<"----------------------实时状态------------------------"<<endl;
        sortqueue( );
        run( );
        print( );
        cout<<endl<<endl;
    }
    cout<<"运行完成"<<endl<<"运行时序为";
    for(int i=0;i<5;i++)
```

```
        {
            cout<<finish_queue[i].Id;
        }
    return 0;
}
```

程序中设置的初始值如表 12-1 所示。

表 12-1 进程初始值

Id	Priority	CPU_time	All_time	Start_block	Block_time	State
0	9	0	3	2	3	0
1	38	0	3	-1	0	0
2	30	0	6	-1	0	0
3	29	0	3	-1	0	0
4	0	0	4	-1	0	0

12.2.2 运行结果

为了清楚地观察各进程的调度过程，程序应将每个时间片内的情况显示出来，编译执行的结果如下：

```
[root@localhost ~]# g++ 12-2-2-1.c
[root@localhost ~]# ./a.out
1--------------------实时状态-----------------------
running prog:1
ready_queue:-> 1-> 2-> 3-> 0-> 4
block_queue:
id     prio      cpu_time    all_time    start_block    block_time    state
0      10        0           3           1              3             0
1      35        1           2           -1             0             0
2      31        0           6           -1             0             0
3      30        0           3           -1             0             0
4      1         0           4           -1             0             0


2--------------------实时状态-----------------------
running prog:1
ready_queue:-> 1-> 2-> 3-> 4
...
19--------------------实时状态-----------------------
running prog:4
ready_queue:
block_queue:
id     prio      cpu_time    all_time    start_block    block_time    state
0      10        3           0           0              0             2
1      29        3           0           -1             0             2
2      18        6           0           -1             0             2
```

3	26	3	0	-1	0	2	
4	3	4	0	-1	0	2	

运行完成
[root@localhost ~]#

练 习 题

在实际的调度中，除了按调度算法选择下一个执行的进程外，还应处理哪些工作？

实验 13 动态分区分配方式的模拟

13.1 实验内容

13.1.1 实验目的

了解动态分区分配方式中使用的数据结构和分配算法,进一步加深对动态分区存储管理方式及其实现过程的理解。

13.1.2 实验环境

openEuler 下安装 gcc 编译器,使用 PuTTY 远程登录。

13.1.3 实验要求

(1)用 C 语言分别实现采用首次适应算法和最佳适应算法的动态分区分配过程 alloc( ) 和回收过程 free( )。其中,空闲分区通过空闲分区链来管理:在进行内存分配时,系统优先使用空闲分区低地址端的空间。

(2)假设初始状态下,可用的内存空间为 640KB,并有下列的请求序列:

作业 1 申请 130KB   作业 2 申请 60KB
作业 3 申请 100KB   作业 2 释放 60KB
作业 4 申请 200KB   作业 3 释放 100KB
作业 1 释放 130KB   作业 5 申请 140KB
作业 6 申请 60KB   作业 7 申请 50KB
作业 6 释放 60KB

请分别采用首次适应算法和最佳适应算法,对内存块进行分配和回收,要求每次分配和回收后显示出空闲分区链的情况。

13.2 实验指导

13.2.1 存储管理

1. 动态分区分配方式

(1)首次适应算法。从头遍历队列,找到一个空闲且足够大的内存块,分配内存。当此空闲分区大小大于请求空间大小时,将空闲区分为两部分,一部分分配给进程,另一部分为空闲区。新的空闲区的大小为之前空闲区大小减去分配给进程的空间大小。

(2)最佳适应算法。从头遍历队列,当找到第一个满足进程请求空间大小的空闲区时,记录此位置,并且记录该分区大小。此后找到满足请求空间大小并且更小的分区时,更新位置。最后将位置上的分区进行分配。

(3) 内存回收算法。内存回收时,回收分区与空闲分区有三种关系。第一种情况为回收分区 r 上邻一个空闲分区。第二种情况为回收分区 r 下邻一个空闲分区。第三种情况为回收分区 r 与上下空闲区相邻。memory 结构体中的 flag 用于判断是否空闲,进而判断回收分区是否与其合并。

2. 涉及的系统调用

动态分区分配方式涉及 free( )系统调用。

调用方式:

void free(void *ptr)

其作用是释放由 ptr 所指的内存,并将它返回给堆,以便这些内存成为再分配时的可用内存。free( )只能用于以前由动态地址分配的函数。如果调用无效指针很可能毁坏内存管理机制,并且引起系统破坏。

13.2.2 参考程序

源程序文件名为 13-2-2-1.c,代码如下:

```c
#include<iostream>
#include<unistd.h>
#include<iomanip>
#include <vector>
#define MAX 640
using namespace std;
struct work
{
    int id;
    int size;
};
struct memory
{
    int front_number;       //开始地址
    int number;             //结束地址
    int id;                 //占用程序的 ID
    bool flag;              //0 为未被占用,可被回收
    int size;               //大小
};
work process1 = { 1,130 };
work process2 = { 2,60 };
work process3 = { 3,100 };
work process4 = { 4,200 };
work process5 = { 5,140 };
work process6 = { 6,60 };
work process7 = { 7,50 };
struct memory M[2] =
{
```

```cpp
        {0,0,0,1,0},
        {0,MAX,0,0,MAX}
    };       //内存空间初始化，从 1 开始
    memory temp;
    int chose;
    vector<memory> M_queue;         //内存分区队列
    //空闲分区合并
    void M_merge(int mer_id)
    {
        //回收区地址
        if ((mer_id < M_queue.size( ) - 1) && (M_queue[mer_id + 1].flag == 0))
        {
            M_queue[mer_id + 1].size += M_queue[mer_id].size;
            M_queue[mer_id + 1].front_number = M_queue[mer_id].front_number;
            M_queue.erase(M_queue.begin( ) + mer_id);       //删除队列里相应元素
        }
        //空闲区地址
        if (M_queue[mer_id - 1].flag == 0)
        {
            M_queue[mer_id - 1].size += M_queue[mer_id].size;
            M_queue[mer_id - 1].number = M_queue[mer_id].number;
            M_queue.erase(M_queue.begin( ) + mer_id);
        }
    }
    void M_print( )
    {
        cout << "-------------------------------------------" << endl;
        cout << "内存空间占用\t 程序 ID\t 内存大小" << endl;
        cout << "-------------------------------------------" << endl;
        for (int i = 1; i < M_queue.size( ); i++)
            cout << M_queue[i].front_number << " -- " << setw(3) << setfill(' ') << left << M_queue[i].number << "\t" << M_queue[i].id << "\t\t" << M_queue[i].size <<endl;
        cout << "-------------------------------------------" << endl;
        cout << endl << endl;
    }
    void alloc(work p1)
    {
        if (chose == 1)      //首次适应算法
        {
            for (int i = 1; i < M_queue.size( ); i++)
            {
                if ((M_queue[i].flag == 0) && p1.size < M_queue[i].size)
                {
                    temp.flag = 1;
                    temp.id = p1.id;
                    temp.size = p1.size;
                    temp.front_number = M_queue[i].front_number;
```

```cpp
                    temp.number = temp.front_number + temp.size;
                    //更新空闲区
                    M_queue[i].front_number = temp.number;
                    M_queue[i].size -= temp.size;
                    M_queue.insert(M_queue.begin( ) + i, temp);
                    break;
                }
            }
        }
        else if (chose == 2)                    //最佳适应算法
        {
            int best_num = MAX;                 //记录目标空闲区大小
            int best_id = 1;                    //记录目标空闲区编号
            for (int i = 1; i < M_queue.size( ); i++)   //找到只比 p1.size 大一点的空闲区,即目标空闲区
            {
                if ((M_queue[i].flag == 0) && (M_queue[i].size >= p1.size) && (M_queue[i].size <= best_num))
                {
                    best_num = M_queue[i].size;
                    best_id = i;
                }
            }
            temp.flag = 1;
            temp.id = p1.id;
            temp.size = p1.size;
            temp.front_number = M_queue[best_id].front_number;
            temp.number = temp.front_number + temp.size;
            //更新空闲区
            M_queue[best_id].front_number = temp.number;
            M_queue[best_id].size -= p1.size;
            M_queue.insert(M_queue.begin( ) + best_id, temp);
        }
        M_print( );
}
void free(work p2)
{
    int id;
    for (int i = 0; i < M_queue.size( ); i++)
    {
        if (p2.id == M_queue[i].id)
        {
            M_queue[i].flag = 0;
            M_queue[i].id = 0;
            id = i;
            break;
        }
    }
    M_merge(id);
```

```cpp
    M_print( );
}
int main( )
{
    M_queue.push_back(M[0]);
    M_queue.push_back(M[1]);        //初始化内存分区队列
    cout << "初始空闲区" << endl;
    cout << "程序 ID 为 0 则该分区没有程序占用" << endl;
    M_print( );
    cout << "1-首次适应算法\n2-最佳适应算法\n 请选择算法：";
    cin >> chose;
    if (chose != 1 && chose != 2)
    {
        cout << "错误！ " << endl;
        return 0;
    }
    cout << endl;
    cout << "作业 1 申请 130KB" << endl;
    alloc(process1);

    cout << "作业 2 申请 60KB" << endl;
    alloc(process2);

    cout << "作业 3 申请 100KB" << endl;
    alloc(process3);

    cout << "作业 2 释放 60KB" << endl;
    free(process2);

    cout << "作业 4 申请 200KB" << endl;
    alloc(process4);

    cout << "作业 3 释放 100KB" << endl;
    free(process3);

    cout << "作业 1 释放 130KB" << endl;
    free(process1);

    cout << "作业 5 申请 140KB" << endl;
    alloc(process5);

    cout << "作业 6 申请 60KB" << endl;
    alloc(process6);

    cout << "作业 7 申请 50KB" << endl;
    alloc(process7);
```

```
            cout << "作业 6 释放 60KB" << endl;
            free(process6);
        return 0;
}
```

13.2.3 运行结果

对程序进行编译并运行,其结果如下:

[root@localhost ~]# gcc 13-2-2-1.c
[root@localhost ~]# ./a.out

请查看首次适应算法、最佳适应算法的运行结果是否与预期一致。

13.2.4 实验总结

(1)存储管理可以有效地对外部存储资源和内存进行管理,可以完成存储分配、存储共享、存储保护、存储扩充、地址映射等重要功能,对操作系统的性能有很重要的影响。首次适应算法和最佳适应算法是存储管理中两个十分重要的页面置换算法。

(2)首次适应算法从空闲分区链首开始查找,直至找到一个能满足其大小要求的空闲分区为止。然后再按照作业的大小,从该分区中划出一块内存分配给请求者,余下的空闲分区仍留在空闲分区链中。该算法倾向于使用内存中低地址部分的空闲区,在高地址部分的空闲区很少被利用,从而保留了高地址部分的大空闲区,为以后到达的大作业分配大的内存空间创造了条件。但是低地址部分不断被划分,留下许多碎片,而每次查找又都从低地址部分开始,会增加查找的开销。

(3)最佳适应算法总是把既能满足要求,又是最小的空闲分区分配给作业。为了加速查找,该算法将所有的空闲区按大小排序后,以递增顺序形成一个空白链。这样,每次找到的第一个满足要求的空闲区必然是最优的。所以,每次分配给文件的都是最合适该文件大小的分区,但是内存中仍然存在碎片。

练 习 题

给定初始内存空间为 640KB,按照以下作业请求序列模拟动态分区分配过程:

(1)作业 1 申请 130KB。
(2)作业 2 申请 60KB。
(3)作业 3 申请 100KB。
(4)作业 1 释放。
(5)作业 4 申请 80KB。
(6)作业 2 释放。
(7)作业 5 申请 200KB。
(8)作业 6 申请 70KB。

分别用首次适应(First Fit,FF)、最佳适应(Best Fit,BF)、最坏适应(Worst Fit,WF)三种算法实现分配,记录每次操作后的空闲分区链状态。

实验 14 存储管理之常用页面置换算法模拟

14.1 实 验 内 容

14.1.1 实验目的

通过模拟实现请求页式存储管理的几种基本页面置换算法，了解虚拟存储技术的特点，掌握虚拟存储请求页式存储管理中几种基本页面置换算法的基本思想和实现过程，并比较它们的效率。

设计一个虚拟存储区和内存工作区，并使用下述算法计算访问命中率。

（1）最佳置换（Optimal Page Replacement，OPT）算法。
（2）先进先出（First In First Out，FIFO）算法。
（3）最近最久未使用（Least Recently Used，LRU）算法。
（4）最不经常使用（Least Frequently Used，LFU）算法。
（5）最近未使用（No Used Recently，NUR）算法。

命中率=1-页面失效次数/页地址流长度。

14.1.2 实验环境

openEuler 下安装 gcc 编译器，使用 PuTTY 远程登录。

14.1.3 实验要求

首先用 srand( )和 rand( )函数定义和产生指令序列，然后将指令序列变换成相应的页地址流，并针对不同的算法计算出相应的命中率。

1. 通过随机数产生一个指令序列（共 320 条指令）

指令的地址按下述原则生成：
（1）50%的指令是顺序执行的。
（2）25%的指令是均匀分布在前地址部分的。
（3）25%的指令是均匀分布在后地址部分的。

具体的实施方法如下：
（1）在[0,319]的指令地址之间随机选取一个起点 m。
（2）顺序执行一条指令，即执行地址为 m+1 的指令。
（3）在前地址[0,m+1]中随机选取一条指令并执行，该指令的地址为 m'。
（4）顺序执行一条指令，其地址为 m'+1。
（5）在后地址[m'+2,319]中随机选取一条指令并执行。
（6）重复步骤（1）～（5），直到 320 次指令执行完毕。

2. 将指令序列变换为页地址流

设页面大小为 1KB。

用户内存容量 4～32 页。

用户虚拟存储区容量为 32KB。

在用户虚拟存储区中，按每 KB 存放 10 条指令排列虚拟存储区地址，即 320 条指令在虚拟存储区中的存放方式如下：

第 0～9 条指令为第 0 页（对应虚拟存储区地址为[0,9]）。

第 10～19 条指令为第 1 页（对应虚拟存储区地址为[10,19]）。

……

第 310～319 条指令为第 31 页（对应虚拟存储区地址为[310,319]）。

按以上方式，用户指令可组成 32 页。

14.2 实 验 指 导

14.2.1 虚拟存储系统

UNIX 为了提高内存利用率，提供了内外存进程对换机制。内存空间的分配和回收均以页为单位进行；一个进程只需将其一部分（段或页）调入内存便可运行。UNIX 还支持请求调页的存储管理方式。

当进程在运行中需要访问某部分程序和数据时，发现其所在页面不在内存，就立即提出请求（向 CPU 发出缺页中断信号），由系统将其所需页面调入内存。这种页面调入方式叫请求调页。

为了实现请求调页，核心配置了多种数据结构：页表、页框号、访问位、修改位、有效位、保护位等。

14.2.2 页面置换算法

当 CPU 接收到缺页中断信号时，中断处理程序先保存现场，分析中断原因，转入缺页中断处理程序。该程序通过查找页表，得到该页所在外存的物理块号。如果此时内存未满，能容纳新页，则启动磁盘 I/O 将所缺之页调入内存，然后修改页表。如果内存已满，则须按某种置换算法从内存中选出一页准备换出，是否重新写盘由页表的修改位决定，然后将缺页调入，修改页表。利用修改后的页表形成所要访问数据的物理地址，再去访问内存数据。整个页面的调入过程对用户是透明的。

常用的页面置换算法如下：

（1）最佳置换算法。

（2）先进先出算法。

（3）最近最久未使用算法。

（4）最不经常使用算法。

（5）最近未使用算法。

14.2.3 参考程序

源程序文件名为 14-2-3-1.c，代码如下，其中部分置换算法不完整，请读者进行补齐。

```c
#include <stdio.h>
#include <stdlib.h>
#include <sys/types.h>
#include <unistd.h>

#define TRUE 1
#define FALSE 0
#define INVALID -1
/*#define NULL   0*/

#define total_instruction  320      /*指令流长*/
#define total_vp    32              /*虚页长*/
#define clear_period   50           /*清零周期*/

typedef struct                      /*页面结构*/
{
    int pn,pfn,counter,time;
}pl_type;
pl_type pl[total_vp];               /*页面结构数组*/

struct pfc_struct{                  /*页面控制结构*/
    int pn,pfn;
    struct pfc_struct *next;
};

typedef struct pfc_struct pfc_type;

pfc_type pfc[total_vp],*freepf_head,*busypf_head,*busypf_tail;

int diseffect,   a[total_instruction];
int page[total_instruction],  offset[total_instruction];

int initialize(int);
int FIFO(int);
int LRU(int);           /*请读者补充算法*/
int LFU(int);           /*请读者补充算法*/
int NUR(int);           /*请读者补充算法*/
int OPT(int);

int main( )
{
    int s,i,j;
    srand(10*getpid( ));   /*由于每次运行时进程号不同，故可用来作为初始化随机数队列的"种子"*/
```

```c
        s=(float)319*rand( )/32767/32767/2+1;
        for(i=0;i<total_instruction;i+=4)      /*产生指令队列*/
        {
            if(s<0||s>319)
            {
                printf("When i==%d,Error,s==%d\n",i,s);
                exit(0);
            }
            a[i]=s;                             /*任选一个指令访问点 m*/
            a[i+1]=a[i]+1;                      /*顺序执行一条指令*/
            a[i+2]=(float)a[i]*rand( )/32767/32767/2;   /*执行前地址指令 m' */
            a[i+3]=a[i+2]+1;                    /*顺序执行一条指令*/

            s=(float)(318-a[i+2])*rand( )/32767/32767/2+a[i+2]+2;
            if((a[i+2]>318)||(s>319))
                printf("a[%d+2],a number which is :%d and s==%d\n",i,a[i+2],s);

        }
        for (i=0;i<total_instruction;i++)       /*将指令序列变换成页地址流*/
        {
            page[i]=a[i]/10;
            offset[i]=a[i]%10;
        }
        for(i=4;i<=32;i++)                      /*用户内存工作区从 4 个页面到 32 个页面*/
        {
            printf("---%2d page frames---\n",i);
            FIFO(i);
            LRU(i);
            LFU(i);
            NUR(i);
            OPT(i);

        }
        return 0;
}

int initialize(total_pf)                        /*初始化相关数据结构*/
int total_pf;                                   /*用户进程的内存页面数*/
{   int i;
    diseffect=0;
    for(i=0;i<total_vp;i++)
    {
        pl[i].pn=i;
        pl[i].pfn=INVALID;          /*置页面控制结构中的页号，页面为空*/
        pl[i].counter=0;
        pl[i].time=-1;              /*页面控制结构中的访问次数为 0，时间为-1*/
    }
```

```c
        for(i=0;i<total_pf-1;i++)
        {
            pfc[i].next=&pfc[i+1];
            pfc[i].pfn=i;
        }                                               /*建立 pfc[i-1]和 pfc[i]之间的链接*/
        pfc[total_pf-1].next=NULL;
        pfc[total_pf-1].pfn=total_pf-1;
        freepf_head=&pfc[0];                            /*空页面队列的头指针为 pfc[0]*/

        return 0;
}

int FIFO(total_pf)                                      /*先进先出算法*/
int total_pf;                                           /*用户进程的内存页面数*/
{
    int i,j;
    pfc_type *p;
    initialize(total_pf);                               /*初始化相关页面控制用数据结构*/
    busypf_head=busypf_tail=NULL;                       /*忙页面队列头、队列尾链接*/
    for(i=0;i<total_instruction;i++)
    {
        if(pl[page[i]].pfn==INVALID)                    /*页面失效*/
        {
            diseffect+=1;                               /*失效次数*/
            if(freepf_head==NULL)                       /*无空闲页面*/
            {
                p=busypf_head->next;
                pl[busypf_head->pn].pfn=INVALID;
                freepf_head=busypf_head;                /*释放忙页面队列的第一个页面*/
                freepf_head->next=NULL;
                busypf_head=p;
            }
            p=freepf_head->next;                        /*按 FIFO 方式调新页面入内存页面*/
            freepf_head->next=NULL;
            freepf_head->pn=page[i];
            pl[page[i]].pfn=freepf_head->pfn;

            if(busypf_tail==NULL)
                busypf_head=busypf_tail=freepf_head;
            else
            {
                busypf_tail->next=freepf_head;          /*free 页面减少一个*/
                busypf_tail=freepf_head;
            }
            freepf_head=p;
        }
    }
```

```c
        printf("FIFO:%6.4f\n",1-(float)diseffect/320);

        return 0;
}

int LRU (total_pf)                              /*最近最久未使用算法*/
int total_pf;
{
    .../*请补充完善*/
}

int NUR(total_pf)                               /*最近未使用算法*/
int   total_pf;
{
    .../*请补充完善*/
}

int OPT(total_pf)                               /*最佳置换算法*/
int total_pf;
{     int i,j, max,maxpage,d,dist[total_vp];
    pfc_type *t;
    initialize(total_pf);
    for(i=0;i<total_instruction;i++)
    {   //printf("In OPT for 1,i=%d\n",i);
        //i=86;i=176;206;250;220;221;192,193,194;258;274,275,276,277,278;
        if(pl[page[i]].pfn==INVALID)            /*页面失效*/
        {
            diseffect++;
            if(freepf_head==NULL)               /*无空闲页面*/
            {   for(j=0;j<total_vp;j++)
                if(pl[j].pfn!=INVALID) dist[j]=32767;   /*最大"距离"*/
                else dist[j]=0;
                d=1;
                for(j=i+1;j<total_instruction;j++)
                {
                    if(pl[page[j]].pfn!=INVALID)
                    dist[page[j]]=d;
                    d++;
                }
                max=-1;
                for(j=0;j<total_vp;j++)
                if(max<dist[j])
                {
                    max=dist[j];
                    maxpage=j;
                }
                freepf_head=&pfc[pl[maxpage].pfn];
                freepf_head->next=NULL;
```

```
                    pl[maxpage].pfn=INVALID;
                }
                pl[page[i]].pfn=freepf_head->pfn;
                freepf_head=freepf_head->next;
            }
        }
        printf("OPT:%6.4f\n",1-(float)diseffect/320);

        return 0;
    }

    int    LFU(total_pf)          /*最不经常使用置换法*/
    int total_pf;
    {
        .../*请补充完善*/
    }
```

14.2.4 运行结果

补充完善相应算法,然后对程序进行编译,运行结果如下:

```
[root@localhost ~]# gcc 14-2-3-1.c
[root@localhost ~]# ./a.out
--- 4 page frames---
FIFO:0.5156
LRU:0.5156
LFU:0.5250
NUR:0.5312
OPT:0.5813
--- 5 page frames---
FIFO:0.5344
LRU:0.5312
LFU:0.5406
NUR:0.5281
OPT:0.6000
...
```

14.2.5 分析

(1)从几种算法的命中率看,OPT 算法最高,其次为 NUR 算法相对较高,而 FIFO 算法与 LRU 算法相差无几,最低的是 LFU 算法,但每个页面执行结果会有所不同。

(2)哪些页中的 OPT 算法在执行过程中可能会发生错误?

练 习 题

为什么 OPT 算法在执行时会有错误产生?

实验 15　磁盘调度算法模拟

15.1　实 验 内 容

15.1.1　实验目的

磁盘是可供多个进程共享的设备，当有多个进程都要求访问磁盘时，应采用一种最佳调度算法，以使各进程对磁盘的平均访问时间最小。目前最常用的磁盘调度算法有先来先服务（First-Come First-Served，FCFS）算法、最短寻道时间优先（Shortest Seek Time First，SSTF）算法以及扫描（SCAN）算法。通过本实验可以加深理解有关磁盘调度的目标，并体会和了解最短寻道时间优先算法和扫描算法的具体实施办法。

15.1.2　实验环境

openEuler 下安装 gcc 编译器，使用 PuTTY 远程登录。

15.1.3　实验要求

（1）从 100#磁道开始，被访问的磁道号分别为 55，58，39，18，90，160，150，38，184。
（2）要求用最短寻道时间优先算法的和扫描算法实现磁盘调度。
（3）记录每访问一个磁道时磁头移动的磁道数，并计算平均寻道长度（平均移动磁道数）。

15.2　实 验 指 导

15.2.1　问题概述

磁盘调度算法的目的是优化磁盘 I/O 操作，减少磁头移动距离，从而提高磁盘 I/O 效率。常见的磁盘调度算法包括 FCFS 算法、SSTF 算法、SCAN 算法等。

FCFS 算法按请求到达顺序依次处理请求，简单但效率低下。SSTF 算法选择离当前磁头位置最近的请求处理，可以减少磁头移动但难以实现。SCAN 算法将磁盘划分为多个区，依次扫描每个区处理请求，减少磁头移动但响应时间长。

15.2.2　整体功能及设计

构建最短寻道时间优先算法函数、构建扫描算法函数，然后将创作主函数循环调用，并能够输出调度过程以及平均寻道长度。

15.2.3 参考程序

源程序文件名为 15-2-3-1.c，代码如下：

```c
#include<stdio.h>
#include<math.h>
#include<stdlib.h>
#include<algorithm>
using namespace std;
//55 58 39 18 90 160 150 38 184
void SSTF(int a[], int n) {                //最短寻道时间优先调度
    int site = 1;                          //确定开始时磁道的中间位置
    int m, Left, Right;
    int i, j, sum = 0;
    double Average=0;
    int Temp;
    sort(a, a + n);                        //对磁道号从小到大排列
    printf("排序后磁道数组如下：\n");
    for (i = 0; i < n; i++)                //输出排序后的磁道号数组
        printf("%d ", a[i]);
    printf("\n 请输入开始的磁道号： ");
    scanf("%d", &m);
    printf("\nSSTF（最短寻道优先）调度过程如下：\n");
    printf("\n 被访问的下一个磁道号              移动距离（磁道数）\n");
    int mark = m;                          //用来计算差值或移动距离
    if (a[n - 1] <= m)                     //整个数组里的数都小于开始磁道号的情况
    {
        for (i = n - 1; i >= 0; i--) {     //将磁道号数组逆序输出
            printf("%10d --------------------- %-3d\n", a[i], mark - a[i]);
            mark = a[i];
        }
        sum = m - a[0];
    }
    else if (a[0] >= m)                    //整个数组里的数都大于开始磁道号的情况
    {
        for (i = 0; i < n; i++) {          //将磁道号按从小到大顺序输出
            printf("%10d --------------------- %-3d\n", a[i], a[i] - mark);
            mark = a[i];
        }
        sum = a[n - 1] - m;
    }
    else
    {
        while (a[site] < m)                //找位置
        {
            site++;
        }
```

```c
            Left = site - 1;
            Right = site;
            //确定开始磁道在已排的序列中的位置
            while ((Left >= 0) && (Right < n))
            {
                if ((m - a[Left]) <= (a[Right] - m))    //找最短距离是在左侧还是右侧
                {
                    printf("%10d ---------------- %-3d\n", a[Left], mark - a[Left]);
                    mark = a[Left];
                    sum += m - a[Left];
                    m = a[Left];
                    Left = Left - 1;
                }
                else                            //在右侧
                {
                    printf("%10d --------------- %-3d\n", a[Right], a[Right] - mark);
                    mark = a[Right];
                    sum += a[Right] - m;
                    m = a[Right];
                    Right = Right + 1;
                }
            }
            if (Left = -1)
            {
                for (j = Right; j < n; j++)              //顺序输出
                {
                    printf("%10d --------------- %-3d\n", a[j], a[j] - mark);
                    mark = a[j];
                }
                sum += a[n - 1] - a[0];
            }
            else
            {
                for (j = Left; j >= 0; j--)              //逆序输出
                {
                    printf("%10d ---------------- %-3d\n", a[j], mark - a[j]);
                    mark = a[j];
                }
                sum += a[n - 1] - a[0];
            }
        }
        printf("\n");
        Average = (double)sum / n;
        printf(" 可见平均寻道的长度为：%.2f \n", Average);
    }

void SCAN(int a[], int n) {                   ///扫描算法
```

```c
        int i, j, sum = 0;
        double Average;
        for (i = 0; i < n; i++)
        {
            sort(a, a + n);                //升序排序
        }
        printf("排序后的磁道数组如下：\n");
        for (i = 0; i < n; i++)
        {
            printf("%d ", a[i]);
        }
        printf("\n 请输入开始的磁道号： ");
        int m;
        scanf("%d", &m);
        printf("\nSCAN（扫描或电梯）调度过程如下：\n");
        printf("\n 被访问的下一个磁道号          移动距离（磁道数）\n");
        int pointer;
        int mark = m;
        for (i = 0; i < n; i++)
        {
            if (a[i] >= m)                 //找到比开始的磁道号大的数
            {
                pointer = i;
                sum += abs(a[i] - m);
                break;
            }
        }
        for (i = pointer; i < n; i++)
        {
            if (i != pointer)              //顺着磁头方向顺序输出
                sum += abs(a[i] - a[i - 1]);
            printf("%10d --------------------- %-3d\n", a[i], a[i] - mark);
            mark = a[i];
        }
        if (pointer >= 1)
            sum += abs(a[n - 1] - a[pointer - 1]);
        for (i = pointer - 1; i >= 0; i--)     //逆着磁头方向顺序输出
        {
            if (i)
                sum += abs(a[i] - a[i - 1]);
            printf("%10d --------------------- %-3d\n", a[i], mark - a[i]);
            mark = a[i];
        }
        Average = (double)sum / n;
        printf("\n 平均寻道的长度为：%.2f\n", Average);
}
int main( ) {
```

```c
        int track[100];              //定义磁道号数组
        int select;
        int i = 0;
        int n;
        printf("请先输入磁道数量：  \n");
        scanf("%d", &n);
        printf("请先输入磁道序列：  \n");
        for (i = 0; i < n; i++)
        {
            scanf("%d", &track[i]);
        }


        printf("\n");
        while (1)
        {
            printf("1.最短寻道时间优先算法（SSTF）\n");
            printf("2.扫描算法（SCAN）\n");
            printf("3.退出\n");
            printf("\n");
            printf("请选择要使用的调度算法：  ");
            scanf("%d", &select);

            switch (select)            //算法选择
            {
            case 1:
                SSTF(track, n);        //最短服务时间优先算法
                printf("\n");
                break;
            case 2:
                SCAN(track, n);        //扫描算法
                printf("\n");
                break;
            case 3:
                exit(0);
            }
        }
        return 0;
}
```

15.2.4 运行结果

对程序进行编译，运行结果如下：

```
[root@localhost ~]#g++ 15-2-3-1.c
[root@localhost ~]# ./a.out
请先输入磁道数量：
9
```

请先输入磁道序列：
55 58 39 18 90 160 150 38 184
…

分析程序运行的结果是否与预期一致。

练 习 题

假设磁头当前位于第 143 道，正在向磁道号增加的方向移动。现有一个磁道访问请求序列为 37，87，149，188，134，58，121，160，155，193，137，153，采用 SCAN 算法得到的磁道访问序列是什么？平均寻道长度是多少？

实验 16　文件系统模拟

16.1　实　验　内　容

16.1.1　实验目的

（1）理解操作系统的文件系统组成以及基本原理。

（2）利用这些知识在内存中模拟一个文件分配表（File Allocation Table，FAT）格式的文件系统，完成文件的创建和索引功能。

16.1.2　实验环境

（1）openEuler 下安装 gcc 编译器，使用 PuTTY 远程登录。

（2）软件环境：Linux 操作系统，C 语言编程环境。

16.1.3　实验要求

（1）运行文件模拟系统程序，显示出几大常用选项，即文件的创建、目录显示、内容显示、删除文件和退出系统的操作命令。

（2）文件的创建：输入 mkfile 命令，此时系统将提示输入文件名和文件内容，然后便创建了一个 test 文件并向其中输入内容，同时将这个文件写入磁盘。

（3）显示目录：输入 dir 命令，文件系统显示了相应的模拟磁盘中的目录，可以看到相应的存储在磁盘中的文件信息。

（4）显示内容：输入 type 命令，提示输入想要查看的文件名，当输入 test 时可以显示出 test 文件中存储的内容。

（5）删除文件：输入 del 命令，提示想要删除的文件名，如果输入 test 文件名，那么就可以删除文件系统中的 test 文件。此时，再次输入 dir 命令查看文件系统中的文件，其中已经没有文件存在。

（6）整个文件系统的主要功能如上述所示，使用完毕后可以通过 quit 命令退出系统。

16.2　实　验　指　导

16.2.1　实验原理

文件系统指文件存在的物理空间，Linux 系统中每个分区都是一个文件系统，都有自己的目录层次结构。Linux 会将这些分属不同分区的、单独的文件系统按一定的方式形成一个系统的总目录层次结构。一个操作系统的运行离不开对文件的操作，因此必然要拥有并维护自己的文件系统。

1. FAT

本次实验将要采用的用例以 FAT 作为文件系统。FAT 中的每个表项都对应了磁盘中每一块的分配状况，FAT 的表项位数决定了最大可表示的磁盘容量，如 FAT16 表示最多支持 216 个块（或簇）。

文件目录里记录了文件的控制信息，每一个目录项（File Control Block，FCB）都对应一个文件。用户操作文件时应先查询目录找出 FCB，然后才能读取文件内容。

2. 简单文件系统示范

（1）虚拟磁盘结构。

建立一个数组：

#define MAX_DISK_SIZE 256

u_char g_disk[MAX_DISK_SIZE]

把这个数组当成硬盘，实现文件系统。若定义每一个磁盘块大小为 16 字节，则系统最多存放 16 个磁盘块内容。

规定 FAT 表总占用第 0 块，使用 8 位的 FAT 表项，所以第 0 块共有 16 个 FAT 表项。目录表占用第 1~4 块，每个 FCB 占 16 个字节，因此系统最多支持 4 个文件。由于 0~5 块被系统占用，FAT 的第 0~5 字节应为 0xFF，故系统最大支持量为 10 块。

（2）系统数据结构。

FAT 结构如下：

使用一个字节（8 位）表示一个块号。FAT 表项的簇可能值如下：

1）0x00：表示对应块空闲。

2）0xFF：表示对应块为文件的最后一个块。

3）其他值：表示该文件的下一块的块号。

文件控制块结构（20 字节）如下：

1）f_name：文件名，最长 10 个字符，注意要留一个字符保存'\0'，故文件名最长为 9 个字符。

2）f_size：文件长度。

3）f_firstblock：文件的起始块号。

（3）文件删除原理。删除一个文件时需要做两件事，具体如下：

1）把文件占用的块号对应的 FAT 项清零（0x00）。例如被删除的文件占用了第 7 块，那么要将 FAT 的第 7 字节置为 0x00（原本为 0xFF）。

2）把目录表中相应项中的文件名第一个字节置为 0xE5。

由此看出，使用 FAT 的文件系统删除文件时并不清除文件占用的物理块内容，这也给反删除文件带来了可能。在目录项中，文件名的第一个字节很关键，如果是 0xE5 则说明该目录项空闲，可以存放一个文件信息，否则说明已被占用。

16.2.2 参考程序

源程序文件名为 16-2-2-1.c，代码如下：

```c
#include <stdio.h>
#include <stdlib.h>
#include <string.h>
//定义返回值
#define SUCCESS             1
#define DELETE_FAIL         0xE0
#define ALLOC_FAIL          0xE1

#ifndef _FILESYS
#define _FILESYS

//类型定义，下面用的一些类型可以直接用简约的形式替换
typedef unsigned short u_short;
typedef unsigned short* pu_short;
typedef unsigned char u_char;
typedef unsigned char* pu_char;
typedef unsigned int u_int;
typedef unsigned int* pu_int;
typedef char* pchar;
typedef int* pint;
typedef short* pshort;

//文件控制块结构（20字节）
typedef struct _tagfcb
{
    char f_name[10];            //文件名
    int f_size;                 //文件长度
    int f_firstblock;           //起始块号
}FCB, *PFCB, **PPFCB;

/******************************************************************
FAT 结构
使用一个字节（8位）表示一个块号，最多可以表示256块
簇值：
    0x00：空闲
    0xFF：文件的最后一块
    其他值：文件的下一块块号
******************************************************************/
typedef struct _tagfat
{
    u_char cluster;
}FAT, *PFAT, **PPFAT;


typedef struct tagNode
{
    int iValue;
```

```c
        struct tagNode *pNext;
}NODE, *PNODE;

/**********************************************************************
模拟的磁盘空间
    规定：每一个块占 16 字节，本系统使用虚拟空间是 1024 个字节，所以磁盘空间被划分成 64 块
        第 0 块存放 FAT 表，最多有 16 个 FAT 表项，也意味着本系统只能支持最大 16 个块
        第 1~4 块存放目录，每个目录项占用 1 块（16 字节），表示本系统最多支持 4 个文件
        第 5 块开始存放文件内容
**********************************************************************/
#define MAX_DISK_SIZE 1024
#define BLOCKSIZE 16
#define MAX_FAT 16
extern u_char g_disk[MAX_DISK_SIZE];        //模拟的磁盘空间
//获取指定块的首地址
void* getBlockAddr(int blockno);
//虚拟磁盘初始化
void InitDisk( );
//创建文件
int CreateFile(pchar f_name, pchar f_content, int f_size);
//列出文件
int ListFile( );
//显示文件
int displayFile(pchar filename);
//删除文件
int initList(PNODE* pListHead);              //创建一个头节点，iValue = 0
int insert(PNODE pListHead,int iValue);      //插入一个值为 iValue 的节点至链表尾
int deleteList(PNODE pListHead);             //删除一个指定头指针的链表空间
void printList(PNODE pListHead);             //打印整个链表

#endif

int initList(PNODE* pListHead)
{
    //创建一个头结点空间，并赋值为 0
    if ((*pListHead = (PNODE)malloc(sizeof(NODE))) == NULL)
    {
        return ALLOC_FAIL;
    }
    (*pListHead)->iValue = 0;
    (*pListHead)->pNext = NULL;
    return SUCCESS;
}

//在指定的头结点的链表末尾插入一个新的结点
int insert(PNODE pListHead,int iValue)
```

```c
{
    PNODE pNode;
    PNODE pLastNode = pListHead;
    if ((pNode = (PNODE)malloc(sizeof(NODE))) == NULL)
    {
        return ALLOC_FAIL;
    }
    pNode->iValue = iValue;
    pNode->pNext = NULL;
    while(1)
    {
        if (pLastNode->pNext == NULL)
        {
            pLastNode->pNext = pNode;
            break;
        }
        pLastNode = pLastNode->pNext;
    }
    return SUCCESS;
}

//删除整个链表空间，程序结束必做
int deleteList(PNODE pListHead)
{
    PNODE pReadyToDelete = pListHead;
    while(pListHead == NULL)
    {
        pListHead = pListHead->pNext;
        free(pReadyToDelete);
        pReadyToDelete = pListHead;
    }
    return SUCCESS;
}

void printList(PNODE pListHead)
{
    PNODE pNode = pListHead;

    if (pNode->pNext == NULL)
    {
        printf("This LinkerList has no NODE except Header!\n");
        return;
    }
    printf("HEAD->");
    pNode = pNode->pNext;
    while(pNode != NULL)
```

```c
        {
            printf("%d->",pNode->iValue);
            pNode = pNode->pNext;
        }
        printf("NULL\n");
        return;
}

u_char    g_disk[MAX_DISK_SIZE];                    //用内存模拟的磁盘空间
const int g_freedisksize = MAX_DISK_SIZE;           //虚拟磁盘的空闲空间
const char g_freeflag = (char)0xE5;

/****************************************************************
获取指定块的首地址：
    blockno：指定模拟磁盘块号
    所以 FAT 表的首地址为 getBlockAddr(0)
    目录的首地址为 getBlockAddr(1)
*****************************************************************/
void * getBlockAddr(int blockno)
{
    return (g_disk + blockno * BLOCKSIZE);
}

//初始化虚拟磁盘空间
void InitDisk( )
{
    PFCB pFCB = NULL;
    int i, j;
    memset(g_disk,0,MAX_DISK_SIZE);
    for (i = 1 ; i <= 4 ; i++)              //4 个目录项置为空闲
    {
        pFCB = (PFCB)getBlockAddr(i);
        pFCB->f_name[0] = g_freeflag;
    }
    for (j = 0 ; j <= 4 ; j++)              //FAT 表的前 5 个字节置 FF，表示已被占用
    {
        ((PFAT)(g_disk+j))->cluster = (u_char)0xFF;
    }
}

/****************************************************************
创建文件：
    f_name：文件名指针
    f_content：文件的内容指针
    f_size：文件长度
返回值：
```

0：正常
10：通过查找 FAT 表，没找到足够的块来创建文件
11：目录项全部用完，无法增加新的文件。
　　（检查文件名第一个字节是否为 E5，是则表示空闲）
12：链表创建出错
***/
```c
int CreateFile(pchar f_name, pchar f_content, int f_size)
{
    PFCB pFCB = NULL;                          //FCB 指针
    PFAT pFAT = (PFAT)getBlockAddr(0);         //FAT 表的首地址
    int blockcount = 0;
    for(int i=1;i <= 4;i++)
    {
        pFCB = (PFCB)getBlockAddr(i);
        if(pFCB->f_name[0] == g_freeflag)      //有空闲的 FCB
        {
            blockcount = (f_size / BLOCKSIZE) + 1;
            //查找 FAT，是否有足够的空闲块，使用一个链表记录要占用的空闲块号
            int k = blockcount;
            PNODE pListHead,pNode;
            if(initList(&pListHead) != SUCCESS)
            {
                return 12;       //list initialize errno
            }
            for (int j=5; j < MAX_FAT ; j++)
            {
                if(((PFAT)(pFAT + j))->cluster == (u_char)0)
                {
                    insert(pListHead,j);
                    if(--k == 0)
                        break;
                }
            }
            printList(pListHead);
            if (k > 0)
                return 10;     //file size error no

            //下面开始向块中写文件内容，同时更改 FCB 的内容
            strcpy(pFCB->f_name,f_name);                   //写文件名
            pFCB->f_size = f_size;                         //写文件大小
            pFCB->f_firstblock = pListHead->pNext->iValue; //文件起始块号
            int remainbyte = f_size;                       //还剩多少字节没写进块
            pNode = pListHead->pNext;
            for (k = 0 ; k < blockcount ; k++)
            {
                if (remainbyte <= BLOCKSIZE)               //不足一个块
```

```c
                    {
                        memcpy(getBlockAddr(pNode->iValue),
                            f_content + (BLOCKSIZE * k),
                            remainbyte);
                    }
                    else
                    {
                        memcpy(getBlockAddr(pNode->iValue),
                            f_content + (BLOCKSIZE * k),
                            BLOCKSIZE);
                        remainbyte -= BLOCKSIZE;
                    }
                    pNode = pNode->pNext;
                }
                //根据文件占用的空闲块号改 FAT 表
                pNode = pListHead->pNext;
                while (1)
                {
                    if (pNode->pNext == NULL)
                    {
                        ((PFAT)(pFAT + pNode->iValue))->cluster = (u_char)0xFF;
                        break;
                    }
                    ((PFAT)(pFAT + pNode->iValue))->cluster = pNode->pNext->iValue;
                    pNode = pNode->pNext;
                }
                //回收链表空间
                deleteList(pListHead);
                return 0;
            }
        }
    return 11;//directory full error no
}

/*******************************************************************
列出目录文件:
    无参数
返回值:
    <0: 非正常（现在不会出现这种情况）
    其他值：当前目录的文件个数
*******************************************************************/
int ListFile( )
{
    PFCB pFCB = NULL;
    int filecount = 0;           //文件记数
    int bytecount = 0;           //文件大小累计
```

```c
        printf("My file system list:\n");
        printf("---------------------------------------------\n");
        printf("filename\t\t\t filesize\n");
        printf("---------------------------------------------\n");
        for (int i=1 ; i<=4 ; i++)
        {
            pFCB = (PFCB)getBlockAddr(i);
            if (pFCB->f_name[0] != g_freeflag)
            {
                //display file info
                filecount++;
                bytecount += pFCB->f_size;
                printf("%s\t\t\t %d Bytes\n",pFCB->f_name,pFCB->f_size);
            }
        }
        if (filecount == 0)
        {
            printf("no file in this system now!\n");
        }
        printf("---------------------------------------------\n");
        printf("total files : %d \t total bytes : %d Bytes \n\t\t\t remain bytes : %d Bytes\n",
                filecount,bytecount,g_freedisksize-bytecount);
        return filecount;
}


/*****************************************************************
打印指定字节的字符:
        filecontent: 文件内容指针
        size: 要打印的字符长度
返回值: 无
*****************************************************************/
void printc(pchar filecontent,int size)
{
    for(int i=0 ; i<size ; i++)
    {
        printf("%c",*filecontent);
        filecontent++;
    }
}
/*****************************************************************
显示文件内容:
        filename: 文件名
返回值:
        0: 执行成功
        <0: 非正常（现在不会出现这种情况）
*****************************************************************/
```

```c
int displayFile(pchar filename)
{
    PFCB pFCB = NULL;
    PFAT pFAT = (PFAT)getBlockAddr(0);
    int remainbytes = 0;
    for (int i=1 ; i<=4 ; i++)
    {
        pFCB = (PFCB)getBlockAddr(i);
        if (!strcmp(pFCB->f_name,filename))
        {
            remainbytes = pFCB->f_size;
            //根据 FCB 中的起始块号得到文件第一块所在位置
            //打印出第一块的内容
            printc((pchar)getBlockAddr(pFCB->f_firstblock),BLOCKSIZE);
            remainbytes -= BLOCKSIZE;
            //再到 FAT 中去找该文件后续块的块号，直到 FAT 中显示 FF，说明文件结束
            int firstblock = pFCB->f_firstblock;
            while ( ((PFAT)(pFAT+firstblock))->cluster != (u_char)0xFF )
            {
                //说明该文件还有后续块，根据这个指示打印后续块内容
                printc((pchar)getBlockAddr(((PFAT)(pFAT+firstblock))-> cluster),BLOCKSIZE);

                firstblock = ((PFAT)(pFAT+firstblock))->cluster;
                remainbytes -= BLOCKSIZE;
            }
            //打印最后一块
            printc((pchar)getBlockAddr(((PFAT)(pFAT+firstblock))-> cluster),remainbytes);
            printf("\n");
            return 0;          //执行成功
        }
    }
    return -1;             //未找到
}
/***************************************************************
删除文件：
     filename：文件名
返回值：
    0：执行成功
    <0：非正常（现在不会出现这种情况）
***************************************************************/
int deleteFile(pchar filename)
{
    PFCB pFCB = NULL;
    PFAT pFAT = (PFAT)getBlockAddr(0);
    for (int i=1; i<=4; i++)
    {
```

```c
            pFCB = (PFCB)getBlockAddr(i);
            if (!strcmp(pFCB->f_name,filename))
            {
                //将FCB的文件名第一个字节置为E5即可
                pFCB->f_name[0] = g_freeflag;
                //再将FAT中文件占用的块号置为00
                int firstblock = pFCB->f_firstblock;
                int nextblock = pFCB->f_firstblock;
                if (((PFAT)(pFAT+firstblock))->cluster == (u_char)0xFF)
                {
                    //该文件仅占一块，将此项清零
                    ((PFAT)(pFAT+firstblock))->cluster = (u_char)0x00;
                }
                else    //说明该文件占有了若干块，将这些FAT块指示都清零
                {
                    while ( ((PFAT)(pFAT+nextblock))->cluster != (u_char)0xFF )
                    {
                        nextblock = ((PFAT)(pFAT+firstblock))->cluster;
                        ((PFAT)(pFAT+firstblock))->cluster = (u_char)0x00;
                        firstblock = nextblock;
                    }
                    //将文件最后一块回收
                    ((PFAT)(pFAT+nextblock))->cluster = (u_char)0x00;
                }
                printf("file deleted!\n");
                return 0;           //执行成功
            }
        }
        return -1;                  //未找到
}

int main( )
{
    InitDisk( );                    //初始化虚拟磁盘空间
    char filename[10];
    char filecontent[176];          //文件内容不能超过176字节
    char command[10];
    int filesize = 0;
    int err_no = 0;
    printf("---------------------------Tips-------------------------\n");
    printf("                    The commonds of filesystem\n");
    printf("                         创建文件：mkfile\n");
    printf("                         显示目录：dir\n");
    printf("                         显示内容：type\n");
    printf("                         删除文件：del\n");
    printf("                         退出系统：quit\n");
```

```c
        printf("--------------------------------------------------------\n");
        while(1)
        {
            printf("filesys>");                          //命令提示行
            scanf("%s",command);
            if (!strcmp(command,"mkfile"))               //创建文件命令,需要用户提供文件名
            {
                printf("\ninput file name(<10 chars):");
                scanf("%s",filename);
                printf("\nReady to create file. Please input file content end with ENTER:\n");
                scanf("%s",filecontent);
                filesize = strlen(filecontent);
                if((err_no = CreateFile(filename,filecontent,filesize)) == 0)
                {
                    printf("File created ! \n");
                }
                else
                {
                    printf("Create failed! err_no=%d\n",err_no);
                }
            }
            else if (!strcmp(command,"dir"))             //列目录命令
            {
                printf("The stored files are:\n");
                ListFile( );
            }
            else if(!strcmp(command,"type"))             //显示文件内容命令
            {
                printf("Please enter the file you want to view:\n");
                scanf("%s",filename);
                if (displayFile(filename) != 0 )
                    printf("can't find the file you given!\n");
            }
            else if(!strcmp(command,"del"))              //删除文件命令
            {
                printf("Please enter the file you want to delete:\n");
                scanf("%s",filename);
                if (deleteFile(filename) != 0 )
                    printf("can't find the file you given!\n");
            }
            else if (!strcmp(command,"quit"))            //退出本系统命令
            {
                break;
            }
            else
            {
```

```
                printf("Unknown command!\n");
            }
        }
        return 0;
}
```

16.2.3 实验结果

对程序进行编译,然后运行。运行结果如下:

```
[root@localhost ~]# gcc 16-2-2-1.c
[root@localhost ~]# ./a.out
----------------------------tips--------------------
The commonds of filesystem
创建文件:mkfile
显示目录:dir
显示内容:type
删除文件:del
退出系统:quit
filesys>mkfile
input file name(<10 chars):Python
Ready to create file. Please input file content end with ENTER:
Hello
HEAD->5->NULL
File created !
filesys>dir
The stored files are:
My file system list:
----------------------------------------------------
filename                        filesize
----------------------------------------------------
Python                          5 Bytes
□                               0 Bytes
total files : 2       total bytes :5 Bytes
remain bytes : 1019 Bytes
filesys>type
Please enter the file you want to view:
Python
hello
filesys>del
Please enter the file you want to delete:
Python
file deleted!
filesys>dir
The stored files are:
My file system list:
----------------------------------------------------
filename                        filesize
```

□   0 Bytes
total files : 1   total bytes :0 Bytes
remain bytes : 1024 Bytes
filesys>quit
[root@localhost ~]#

16.2.4 实验总结

（1）文件系统指文件存在的物理空间。Linux 系统中每个分区都是一个文件系统，都有自己的目录层次结构。Linux 会将这些分属不同分区的、单独的文件系统按一定的方式形成一个系统的总的目录层次结构。一个操作系统的运行离不开对文件的操作，因此必然要拥有并维护自己的文件系统。

（2）Linux 文件系统使用索引节点来记录文件信息，作用像 Windows 的文件分配表。

（3）索引节点是一个结构，它包含了一个文件的长度、创建及修改时间、权限、所属关系、磁盘中的位置等信息。一个文件系统维护了一个索引节点的数组，每个文件或目录都与索引节点数组中的唯一一个元素对应。系统给每个索引节点分配了一个号码，也就是该节点在数组中的索引号，称为索引节点号。

（4）Linux 文件系统将文件索引节点号和文件名同时保存在目录中。目录只是将文件的名称和它的索引节点号结合在一起的一张表。目录中的每一对文件名称和索引节点号称为一个连接。

（5）一个文件有唯一的索引节点号与之对应，一个索引节点号，却可以有多个文件名与之对应。因此，在磁盘上的同一个文件可以通过不同的路径去访问。

练 习 题

1. 使用 C 库函数 fopen( )、fread( )、fwrite( )、fclose( )来实现简单文件备份的原理是什么？
2. 使用系统调用函数 open( )、read( )、write( )、close( )实现简单文件备份的原理是什么？

第3部分 操作系统实践篇

实验17 用户及权限管理

17.1 实验内容

17.1.1 实验目的

（1）掌握用户和组的管理。
（2）掌握文件权限的管理。
（3）掌握文件访问控制。

17.1.2 实验环境

（1）打开 VirtualBox。
（2）启动 openEuler 虚拟机。
（3）使用 PuTTY 远程登录 openEuler 虚拟机。

17.1.3 实验要求

要求掌握用户和用户组管理的命令、文件和权限管理的命令以及如何批量创建用户。

17.2 实验指导

17.2.1 用户管理

1. who 命令

【功能】who 命令用于显示系统中有哪些使用者正在使用。显示的资料包含了使用者名称、线路、时间、备注等。所有使用者都可使用 who 命令。
【语法】who [选项]
【主要选项】
-H 或 --heading：显示各栏位的标题信息列。
-u：显示闲置时间，若该用户在前一分钟之内有进行任何动作，将标示成"."号。如果该用户已超过 24 小时没有任何动作，则标示出 old 字符串。

--help：在线帮助。

【实例】带标题信息列方式显示目前登录系统的用户信息：

[root@localhost ~]# who -H

2．useradd 命令

【功能】useradd 命令用于添加新的用户账号。

【语法】useradd [选项] [用户名]

【主要选项】

-d：目录，用于指定用户主目录。

-m：如果指定用户主目录不存在，则可以使用-m 选项创建主目录。

-p, --password PASSWORD：加密后的新账户密码。

-g：用户组，用于指定用户所属的用户组。

-G：用户组，用户组指定用户所属的附加组。

【实例】创建一个用户 ben，设置其主目录/home/ben，以 root 用户登录到系统：

[root@localhost ~]# useradd -d /home/ben -m ben
[root@localhost ~]# ls -l /home

【实例】创建用户 black、cherry，且创建 cherry 用户时指定其 UID 为 1024：

[root@localhost ~]# useradd black -p 123456
[root@localhost ~]# useradd -u 1024 cherry
[root@localhost ~]# ls /home
ben   black   cherry
[root@localhost ~]# tail -3 /etc/passwd
ben:x:1000:1000::/home/ben:/bin/bash
black:x:1001:1001::/home/black:/bin/bash
cherry:x:1024:1024::/home/cherry:/bin/bash
[root@localhost ~]# cat /etc/shadow|tail -3
ben:!:19930:0:99999:7:::
black:123456:19930:0:99999:7:::
cherry:!:19930:0:99999:7:::

说明：用户 ben、cherry 没有设置密码，所以均无法登录。而用户 black 设置的密码 123456 是加密后的密码，所以也无法用该密码进行登录。

3．passwd 命令

【功能】passwd 命令用来更改用户的密码。

【语法】passwd [选项] [账号名]

【主要选项】

-d：删除密码。

-e：可使用户密码立即过期，强制用户下次登录时修改密码。

-w：密码到期提前警告的天数。

-l：停止账号使用。

-u：启用已被停止的账户。

-x：指定密码最长存活期。

-i：密码过期后多少天停用账户。

【实例】更改用户 black 的密码：

[root@localhost ~]# passwd black
[root@localhost ~]# cat /etc/shadow|tail -3
ben:!:19930:0:99999:7:::
black:6Ojt8NgcwBYI9nBh1$7l/F30HNZTYpoMUnGd.A.1vubbnHRlUTHDskmiGc6CcoaI6IaMH6Wz8gbitx2BZa5gD3DaGcAgr5oWdOU7VHB0:19930:0:99999:7:::
cherry:!:19930:0:99999:7:::

说明：显示用户 black 密码是经过加密后的，可以使用 PuTTY 登录测试。其余用户采用同样的方法更改密码后才能登录。

【实例】设置 black 用户密码立即过期：

[root@localhost ~]# passwd -e black
[root@localhost ~]# passwd -S black
black PS 1970-01-01 0 99999 7 -1 (密码已设置，使用 SHA512 算法。)

【实例】用 PuTTY 工具以 black 用户身份通过 SSH 远程登录：

login as: black
Pre-authentication banner message from server:
|
| Authorized users only. All activities may be monitored and reported.
End of banner message from server
black@192.168.10.44's password:
...
WARNING: Your password has expired.
You must change your password now and login again!
更改用户 black 的密码。   //用户输入此名
为 black 更改 STRESS 密码。   //用户输入此名
当前的密码：
新的密码：
重新输入新的密码：

完成密码修改后，以新密码重新登录。

4．userdel 命令

【功能】userdel 命令用于删除用户账号，可删除用户账号与相关的文件。若不加选项，则仅删除用户账号，而不删除相关文件。

【语法】userdel [选项][用户账号]

【主要选项】

-r：删除用户主目录及信件池，包括目录以及目录中所有文件。

-f：强制删除用户，即便该用户为当前用户。

【实例】将用户 black 及主目录、信件池一并删除。主目录一般在/home 下，信件池一般在/var/spool/mail 下：

[root@localhost ~]# ll /home
总用量 12K
drwx------. 2 ben   ben   4.0K 7月 26 18:04 ben
drwx------. 2 black black 4.0K 7月 26 18:02 black

```
drwx------. 2 cherry cherry    4.0K   7月  26 17:20 cherry
[root@localhost ~]# ll /var/spool/mail/
总用量 0
-rw-rw----. 1 ben      mail 0   7月  26 18:04 ben
-rw-rw----. 1 black    mail 0   7月  26 17:20 black
-rw-rw----. 1 cherry   mail 0   7月  26 17:20 cherry
[root@localhost ~]# tail -3 /etc/passwd
pcp:x:988:988:Performance Co-Pilot:/var/lib/pcp:/sbin/nologin
black:x:1001:1001::/home/black:/bin/bash
cherry:x:1024:1024::/home/cherry:/bin/bash
```

注意：tail 显示用户配置文件的末尾 3 行，可以看到这里没有 ben 用户了。

同时删除了主目录及信件池，在 home 目录中也没有了 mark 目录。在/var/spool/mail 也找不到 ben 文件：

```
[root@localhost ~]# ls /home
black   cherry
[root@localhost ~]# ls /var/spool/mail/
black   cherry
```

5．usermod 命令

【功能】usermod 命令用于修改用户账号。

【语法】usermod [选项] [用户账号]

【主要选项】

-d<新主目录>：修改用户登入时的主目录。

-e<有效期限>：设定账户过期的日期。

-l<账号名称>：修改新的登录名称。

-s<shell>：修改用户登入后所使用的 shell。

-u<uid>：设置用户账户的新 ID。

-g：修改用户所属的群组。

-G：修改用户所属的附加群组。

【实例】将用户 ben 的用户名改为 tony，并将其主目录改为/home/tony：

```
[root@localhost ~]# useradd -d /home/ben -m ben
[root@localhost ~]# usermod -l tony ben              //修改新登录名为 tony
[root@localhost ~]# ls /home
ben  black  cherry
[root@localhost ~]# cp -r /home/ben/ /home/tony/
[root@localhost ~]# ls /home
ben  black  cherry  tony
[root@localhost ~]# usermod -d /home/tony tony       //修改用户的主目录
[root@localhost ~]# tail -3 /etc/passwd
black:x:1001:1001::/home/black:/bin/bash
cherry:x:1024:1024::/home/cherry:/bin/bash
tony:x:1025:1025::/home/tony:/bin/bash
[root@localhost ~]#
```

6. su 命令

【功能】su 命令用来改变用户身份。

【语法】su [选项] [-] [<用户> [<参数>...]]

【主要选项】

-：加载相应用户下的环境变量。

-h：显示此帮助。

-V：显示版本编号。

【实例】在终端上从当前的 root 用户切换到 cherry 用户：

```
[root@localhost ~]# su cherry
[jack@localhost root]$ pwd
/root                      #目录仍然是/root
[jack@localhost root]$ exit
exit
[root@localhost ~]# su - cherry
[cherry@localhost ~]$ pwd
/home/cherry
[cherry@localhost ~]$ exit
注销
```

问题：请简述两种 su 命令切换用户有什么不同？

17.2.2 用户组管理

1. groupadd 命令

【功能】groupadd 命令用于创建一个新的工作组，新工作组的信息将被添加到系统文件中。

【语法】groupadd [选项] [组名]

【主要选项】

-g：指定新建工作组的 ID。

-r：创建系统工作组，系统工作组的组标识符（Group Identifier，GID）小于 500。

-K：不使用/etc/login.defs 中的默认值。

-o：允许创建有重复 GID 的组。

-f,--force：如果指定的组已经存在，则成功退出。当与-g 一起使用，并且指定的 GID_MIN 已经存在时，选择另一个唯一的 GID（即-g 关闭）。

【实例】创建 xcctest 组：

```
[root@localhost ~]# groupadd xcctest
[root@localhost ~]# cat /etc/group|tail -3
```

groupadd 命令需要 root 权限才能运行。如果在没有 root 权限的情况下运行该命令，将会看到错误消息。

2. gpasswd 命令

【功能】gpasswd 是工作组文件/etc/group 和/etc/gshadow 的管理工具，用于将一个用户添加到组或者从组中删除。

【语法】gpasswd [选项] [组名]

【主要选项】
-a：添加用户到组。
-d：从组删除用户。
-A：指定管理员。
-M：指定组成员和-A 的用途类同。
-r：删除密码。
-R：限制用户登入组，只有组中的成员才可以用 newgrp 加入该组。

【实例】将用户 tony、cherry、black 加到 xcctest 组中：

[root@localhost ~]# gpasswd -M tony,cherry,black xcctest   #tony 与 cherry 之间有英文","
[root@localhost ~]# tail -1 /etc/group   #查看用户组是否创建成功
xcctest:x:1026:tony,cherry,black

【实例】不加选项，对指定组设置密码：

[root@localhost ~]#gpasswd xcctest
正在修改 xcctest 组的密码
新密码：
请重新输入新密码：

3．newgrp 命令

【功能】newgrp 命令用于更改当前登录会话的默认组。

【语法】newgrp - [群组名称]

【主要参数】

群组名称：这是 newgrp 命令的唯一必需选项，指定要切换到的目标组名。

-（连字符）：如果指定了此选项，则 newgrp 会读取标准输入（stdin）作为组密码（如果组设置了密码）。这通常用于脚本或自动化任务中。

【实例】用 black 账号登录，然后切换至 xcctest 组：

[root@localhost ~]#newgrp - xcctest
Welcome to 5.10.0-60.18.0.50.oe2203.x86_64
...
To run a command as administrator(user "root"),use "sudo <command>".

【实例】更改默认组后，任何随后创建的文件或目录都将属于新的默认组，除非用户明确指定了其他组。此外，newgrp 还会更新用户的环境变量，以便新的默认组被其他命令和脚本所识别：

[black@localhost ~]$ pwd
/home/black
[black@localhost ~]$ touch 3.txt   //创建 3.txt 文件
[black@localhost ~]$ ll
总用量 8.0K
-rw-rw----. 1 black black   12   7 月 28 08:18 1.txt
-rw-r--r--. 1 black xcctest   243 7 月 28 08:41 2.txt
-rw-r--r--. 1 black xcctest   0   7 月 28 09:12 3.txt   //归属组为 xcctest
[black@localhost ~]$exit   //退出该组
注销

4．groupdel 命令

【功能】groupdel 命令用于删除群组。

【语法】groupdel [选项] [组名]

【主要选项】

-f：强制删除，不给提示信息。

-h：仅将该组从 gshadow 文件中删除，不影响相应文件的 GID。

-r：删除该组的同时，将与该组相关的文件一并删除。

【实例】删除用户组：

[root@localhost ~]# groupadd gp1

[root@localhost ~]# groupadd -g 101 gp2

[root@localhost ~]# tail -3 /etc/group

abc:x:1027:

gp1:x:1028:

gp2:x:101:

[root@localhost ~]# groupdel gp1

[root@localhost ~]# tail -3 /etc/group

xcctest:x:1026:tony,cherry,black

abc:x:1027:

gp2:x:101:

5．groupmod 命令

【功能】groupmod 命令用于修改用户组的属性，它允许管理员对用户组进行更改，如修改组名、GID 和所属用户等。

【语法】groupmod [选项] [组名]

【主要选项】

-g GID：指定用户组的新 GID。

-n 新组名：指定用户组的新名称。

-o：允许新的 GID 与其他用户组的 GID 相同。

-u 新 UID：指定用户组的新所属用户的 UID。

【实例】将原用户 ben 的私有组名 ben 改为 tony：

[root@localhost ~]# tail -4 /etc/group

ben:x:1025:

xcctest:x:1026:tony,cherry,black

abc:x:1027:

gp2:x:101:

[root@localhost ~]# groupmod -n tony ben

[root@localhost ~]# tail -3 /etc/group

abc:x:1027:

gp2:x:101:

tony:x:1025:

17.2.3 设置文件及目录的权限及归属

【实例】使用 root 用户创建目录 xcctest，在其下创建文件 f1、文件 f2，查看其默认的权限及归属：

```
[root@localhost ~]# mkdir xcctest
[root@localhost ~]# cd xcctest
[root@localhost xcctest]# touch f1
[root@localhost xcctest]# touch f2
[root@localhost xcctest]# ls -l
总用量 0
-rw-r--r--. 1 root root 0  7月  28 10:04 f1
-rw-r--r--. 1 root root 0  7月  28 10:05 f2
[root@localhost xcctest]# ls -l ..|grep xcctest
drwxr-xr-x. 2 root root     4096  7月  28 10:05 xcctest
```

从显示文件及目录的详细信息中可以看到 rwx，这代表什么含义呢？下面将进行详细讲解。

如图 17-1 所示文件权限分为三级，分别是文件所有者（Owner）、用户组（Group）、其他用户（Other Users）。

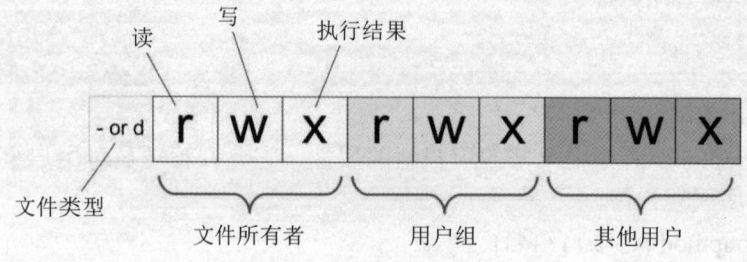

图 17-1 字符显示三级权限

只有文件所有者和超级用户可以修改文件或目录的权限。

（1）使用绝对模式（八进制数字模式），如图 17-2 所示。

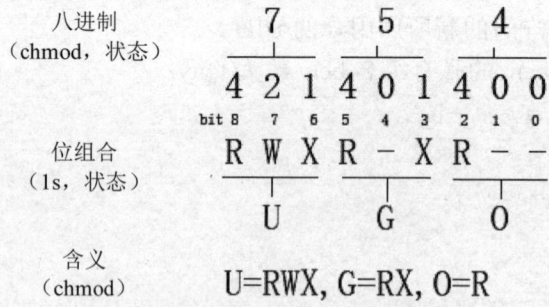

图 17-2 数字显示三级权限对应关系

（2）使用符号模式指定文件的权限。使用符号模式可以设置多个项目：who（用户类型）、operator（操作符）和 permission（权限），每个项目的设置可以用逗号隔开。命令 chmod 将修改 who 指定的用户类型对文件的访问权限。用户类型由一个或者多个字母在 who 的位置说明，如 who 的符号模式如表 17-1 所示。

表 17-1 who 的符号模式

符号	用户类型	说明
u	user	文件所有者
g	group	文件所有者所在组
o	others	所有其他用户
a	all	所有用户，相当于 ugo

operator 的符号模式如表 17-2 所示。

表 17-2 operator 的符号模式

符号	说明
+	为指定的用户类型增加权限
-	去除指定用户类型的权限
=	设置指定用户权限的设置，即将用户类型的所有权限重新设置

permission 的符号模式如表 17-3 所示。

表 17-3 permission 的符号模式

符号	名字	说明
r	读	设置为可读权限
w	写	设置为可写权限
x	执行权限	设置为可执行权限
X	特殊执行权限	只有当文件为目录文件，或者其他类型的用户有可执行权限时，才将文件权限设置为可执行
s	setuid/setgid	当文件被执行时，根据 who 参数指定的用户类型设置文件的 setuid 或者 setgid 权限
t	粘贴位	设置粘贴位，只有超级用户可以设置该位，只有文件所有者 u 可以使用该位

（3）八进制语法。文件或目录的权限位由九位来控制，每三位为一组，分别是文件所有者（User）的读、写、执行，用户组（Group）的读、写、执行以及其他用户（Other）的读、写、执行。八进制显示权限如表 17-4 所示。

表 17-4 八进制显示权限

八进制	权限	rwx	二进制
7	读+写+执行	rwx	111
6	读+写	rw-	110
5	读+执行	r-x	101
4	只读	r--	100
3	写+执行	-wx	011
2	只写	-w-	010
1	只执行	--x	001
0	无	---	000

1. chmod 命令

【功能】chmod 命令用于更改文件或目录的访问权限。

【语法】chmod [选项] [修改对象]

【主要选项】

-c：若该文件权限确实已经更改，则显示其更改动作。

-f：即便该文件权限无法被更改也不要显示错误信息。

-v：显示权限变更的详细资料。

-R：对目前目录下的所有文件与子目录进行相同的权限变更（即以递归的方式逐个变更）。

【实例】将 xcctest 目录设置为共享目录，将其设置权限为 777：

```
[root@localhost ~]# cd
[root@localhost ~]# ls -l|grep xcctest
drwxr-xr-x. 2 root root    4096  7月 28 10:05 xcctest
[root@localhost ~]# chmod 777 xcctest
[root@localhost ~]# ls -l|grep xcctest
drwxrwxrwx. 2 root root    4096  7月 28 10:05 xcctest
```

【实例】将文件 f1 和 f2 的权限设置为 722：

```
[root@localhost ~]# ll xcctest
总用量 0
-rw-r--r--. 1 root root 0  7月 28 10:04 f1
-rw-r--r--. 1 root root 0  7月 28 10:05 f2
[root@localhost ~]# chmod 722 xcctest/f1 xcctest/f2
[root@localhost ~]# ll xcctest
总用量 0
-rwx-w--w-. 1 root root 0  7月 28 10:04 f1
-rwx-w--w-. 1 root root 0  7月 28 10:05 f2
```

【实例】将文件 f1 设为所有人皆可读取：

```
[root@localhost ~]# cd xcctest
[root@localhost xcctest]# chmod ugo+r f1
[root@localhost xcctest]# ls -l
总用量 0
-rwxrw-rw-. 1 root root 0  7月 28 10:04 f1
-rwx-w--w-. 1 root root 0  7月 28 10:05 f2
```

【实例】用另一种方法将文件 f2 设为所有人皆可读取：

```
[root@localhost xcctest]# chmod a+r f2
[root@localhost xcctest]# ls -l
总用量 0
-rwxrw-rw-. 1 root root 0  7月 28 10:04 f1
-rwxrw-rw-. 1 root root 0  7月 28 10:05 f2
```

【实例】将文件 f1 与 f2 设为该文件拥有者具有读写执行权限，与其所属同一个群体者可写入，但其他以外的人则不可写入：

```
[root@localhost xcctest]# chmod ug+w,o-w f1 f2
[root@localhost xcctest]# ls -l
总用量 0
```

```
-rwxrw-r--. 1 root root 0    7月  28 10:04 f1
-rwxrw-r--. 1 root root 0    7月  28 10:05 f2
```

【实例】在 xcctest 下新建子目录 abc。然后将目前目录下的所有文件与子目录皆设为任何人可读取：

```
[root@localhost xcctest]# mkdir abc
[root@localhost xcctest]# chmod -R a+r *
[root@localhost xcctest]# ls -l
总用量 4
drwxr-xr-x. 2 root root 4096    7月  28 10:28 abc
-rwxrw-r--. 1 root root    0    7月  28 10:04 f1
-rwxrw-r--. 1 root root    0    7月  28 10:05 f2
```

2. chown 命令

【功能】chown 命令用于设置文件或目录所有者和所属组，将指定文件或目录的拥有者改为指定的用户或组。用户可以是用户名或者用户 ID，组可以是组名或者 GID。

【语法】chown [选项] [文件或目录]

【主要选项】

user：新的文件拥有者的使用者 ID。

group：新的文件拥有者的使用者组。

-R：处理指定目录以及其子目录下的所有文件。

说明：指明多个文件或目录时可以用空格隔开。

【实例】将文件 f1 的所属用户改为 cherry，所属用户组改为 xcctest 组：

```
[root@localhost ~]#cd
[root@localhost ~]# chown cherry:xcctest xcctest/f1
[root@localhost ~]# ll xcctest
总用量 4.0K
drwxr-xr-x. 2 root     root    4.0K  7月  28 10:28 abc
-rwxrw-r--. 1 cherry   xcctest    0  7月  28 10:04 f1
-rwxrw-r--. 1 root     root       0  7月  28 10:05 f2
```

【实例】文件/home/test/text1 的所属组对其有写入权限：

```
[root@localhost ~]# mkdir /home/test
[root@localhost ~]# touch /home/test/text1
[root@localhost ~]# chmod 775 /home/test/text1
[root@localhost ~]# ls -l /home/test
总用量 0
-rwxrwxr-x. 1 root root 0    7月  28 12:50 text1
```

3. chgrp 命令

【功能】chgrp 命令用于变更文件或目录的所属群组。

【语法】chgrp [选项] [文件或目录]

【主要选项】

-f, --silent, --quiet：不显示大多数错误消息。

-v, --verbose：输出各个处理的文件的诊断信息。

-c, --changes：类似 verbose 选项，但仅在做出修改时进行报告。

-R, --recursive：递归操作文件和目录。

【实例】除了可以使用 chown 命令修改文件 f1 的所属用户组外，还可以使用 chgrp 命令完成。请用 chown 命令将文件 f1 的群组属性修改为 bin 群组：

```
[root@localhost ~]# cd xcctest
[root@localhost xcctest]# chgrp -v bin f1
'f1' 的所属组已从 xcctest 更改为 bin
[root@localhost xcctest]# ll
总用量 4.0K
drwxr-xr-x. 2 root     root   4.0K   7月  28 10:28 abc
-rwxrw-r--. 1 cherry   bin       0   7月  28 10:04 f1
-rwxrw-r--. 1 root     root      0   7月  28 10:05 f2
[root@localhost xcctest]#
```

说明：chown 命令需要超级用户 root 的权限才能执行此命令。只有超级用户和属于组的文件拥有者才能变更文件关联组。非超级用户如需要设置关联组则需要使用 chgrp 命令。

17.2.4　ACL 的设置

1．getfacl 命令

【功能】getfacl 是 get file access control list 的缩写，用于显示文件或目录的访问控制列表（Access Control List，ACL）策略。

【语法】getfacl [选项] [文件名]

【主要选项】

-a,--all：仅显示文件访问控制列表。

-d,--default：仅显示默认的访问控制列表。

-h, --help：显示帮助信息。

【实例】查看/home/test/text1 的 ACL：

```
[root@localhost ~]# getfacl /home/test/text1
getfacl: Removing leading '/' from absolute path names
# file: home/test/text1
# owner: root
# group: root
user::rwx
group::rwx
other::r-x
```

2．setfacl 命令

【功能】setfacl 是 set file access control list 的缩写，用于设置文件访问控制权限。

【语法】setfacl [选项] [文件名]

【主要选项】

-m, --modify=acl：更改文件的访问控制列表。

-h, --help：显示帮助信息。

【实例】向某个用户添加某个文件的权限，需要使用-m，命令如下：

```
setfacl -m u:用户名或 id:权限  文件名
```

【实例】将/home/test 中的 text1 设置为 xcctest 群组，配置文件 ACL 使得 xcctest 组中

black 用户对文件 text1 只有只读权限：

```
[root@localhost ~]# ll /home/test
总用量 0
-rwxrwxr-x. 1 root root 0   7月  28 12:50 text1
[root@localhost ~]# chown root:xcctest /home/test
[root@localhost ~]# chown root:xcctest /home/test/text1
[root@localhost ~]# ll /home/test
总用量 0
-rwxrwxr-x. 1 root xcctest 0   7月  28 12:50 text1
[root@localhost ~]# setfacl -m u:black:r /home/test/text1
[root@localhost ~]# getfacl /home/test/text1
getfacl: Removing leading '/' from absolute path names
# file: home/test/text1
# owner: root
# group: xcctest
user::rwx
user:black:r--
group::rwx
mask::rwx
other::r-x
```

【实例】通过 PuTTY 切换到 black 用户登录，然后切换到/home/test 下测试是否能写入 text1 文件：

```
[black@localhost ~]$ pwd
/home/black
[black@localhost ~]$ cd ../test
[black@localhost test]$ ll
总用量 4.0K
-rwxrwxr-x+ 1 root xcctest 0   7月  28 12:50 text1
[black@localhost test]$
[tony@localhost test]$ vi text1
```

发现文件是只读的，无法写入，如图 17-3 所示。

图 17-3　text1 具有只读权限

【实例】清除文件名为 text1 的文件上的 ACL 设置：

```
[root@localhost ~]# getfacl /home/test/text1
getfacl: Removing leading '/' from absolute path names
# file: home/test/text1
# owner: root
# group: xcctest
user::rwx
user:black:r--
group::rwx
mask::rwx
other::r-x

[root@localhost ~]# setfacl -b /home/test/text1
[root@localhost ~]# getfacl /home/test/text1
getfacl: Removing leading '/' from absolute path names
# file: home/test/text1
# owner: root
# group: xcctest
user::rwx
group::rwx
other::r-x
```

3．chacl 命令

【功能】chacl 是 chang access control list 的缩写，用来更改文件或目录的访问控制列表。

【语法】chacl [选项] [文件或目录]

【主要选项】

-b：同时修改文件权限和目录默认权限。

-d：设置目录的默认权限。

-R：仅删除文件的权限。

-D：仅删除目录的权限。

-B：删除所有的权限。

-l：列出文件与目录的权限。

-r：设置所有目录与子目录下的权限。

【实例】查询文件 text1 的权限配置：

```
[root@localhost ~]# chacl -l /home/test/text1
/home/test/text1 [u::rwx,g::rwx,o::r-x]
```

【实例】删除文件和目录默认的 ACL 设置：

```
[root@localhost ~]# chacl -B /home/test/text1
[root@localhost ~]# chacl -l /home/test/text1
/home/test/text1 [u::rwx,g::rwx,o::r-x]
[root@localhost ~]# getfacl -e /home/test/text1
getfacl: Removing leading '/' from absolute path names
# file: home/test/text1
# owner: root
```

```
# group: xcctest
user::rwx
group::rwx
other::r-x
```

17.2.5 批量创建账号

newusers 命令可以用于批量创建多个用户账户，介绍如下。

【功能】newusers 命令用于批量创建多个用户账户，可以通过读取用户名和明文密码对的文件，并使用此信息来更新一组现有用户或创建新的用户。

【语法】newusers [选项]

【主要选项】

-b, --badnames：允许使用不良名称。

-h, --help：显示此帮助信息并退出。

-r, --system：创建系统账号。

-R, --root CHROOT_DIR：chroot 到的目录。

【实例】批量创建账号。

步骤 1　编辑一个文本文件，每一列按照/etc/passwd 文件的格式书写，每个用户的用户名、UID、主目录都不可以相同，其中密码栏可以留作空白或输入 x 号：

```
[root@localhost ~]# vi users.txt
user001:123456:1200:1200:user001:/home/user1:/bin/bash
user002:123456:1201:1201:user002:/home/user2:/bin/bash
user003:123456:1202:1202:user003:/home/user3:/bin/bash
```

保存退出，可以发现在当前目录新建了一个 users.txt 文本文件。

步骤 2　以 root 身份执行命令 newusers，从刚创建的用户文本文件 users.txt 中导入数据，创建用户：

```
[root@localhost ~]# newusers <users.txt
无效的密码：  密码少于 8 个字符
无效的密码：  密码少于 8 个字符
无效的密码：  密码少于 8 个字符
[root@localhost ~]# tail -3 /etc/passwd
User001:123456:1200:1200:user001:/home/user1:/bin/bash
User002:123456:1201:1201:user002:/home/user2:/bin/bash
User003:123456:1202:1202:user003:/home/user3:/bin/bash
[root@localhost ~]#
```

步骤 3　使用 PuTTY 终端，使用用户名 user001 及密码 123456 登录，以测试是否创建成功。

17.2.6 查看常见用户关联文件

【实例】查看用户账号信息文件/etc/passwd：

```
[root@localhost ~]# cat /etc/passwd
root:x:0:0:root:/root:/bin/bash
…
```

【实例】查看用户账号信息加密文件/etc/shadow：

```
[root@localhost ~]# cat /etc/shadow
root:$6$l0NbyCOQOjK1Dkja$1tN8eDlwygMnstrb9SzX61kGMeFoooBF9y3Uiu/BlrxhQ8Zg1iCCc9oJSPU4L xir0K73mr0zGlsrXgpu/nOrt0::0:99999:7:::
bin:*:19081:0:99999:7:::
…
```

【实例】查看组信息文件/etc/group：

```
[root@localhost ~]# cat /etc/group
```

【实例】查看组信息加密文件/etc/gshadow：

```
[root@localhost ~]# cat /etc/gshadow
```

练 习 题

创建一个协作目录/shared/docs，确保开发组 developers 和测试组 testers 的成员可自由编辑内容，同时禁止其他用户访问。

实验 18 软 件 安 装

18.1 实 验 内 容

18.1.1 实验目的

（1）掌握 openEuler 的软件管理方法。
（2）掌握 rpm 与 dnf 的区别。
（3）掌握 dnf 配置。
（4）掌握软件的安装、卸载、升级。

18.1.2 实验环境

（1）打开 VirtualBox。
（2）启动 openEuler 虚拟机。
（3）使用 PuTTY 远程登录 openEuler 虚拟机。

18.1.3 实验要求

掌握 openEuler 软件管理的操作，主要包含 yum 资源配置、yum 安装方式、rpm 命令、软件源码安装、dnf 命令和软件管理等内容。

18.2 实 验 指 导

Linux 系统中常用的软件管理命令包括 apt（Debian/Ubuntu）、yum（CentOS/RedHat）、rpm（CentOS/RedHat）、dnf（Fedora）等。OpenEuler 源于 CentOS/RedHat，所以保留了 yum、rpm 软件管理命令。

18.2.1 配置 YUM 源

【实例】编辑/etc/yum.repos.d/目录下的".repo"文件，配置 YUM 源。

步骤 1　进入 yum repo 目录：

[root@localhost ~]#cd /etc/yum.repos.d/

步骤 2　新建名为 openeuler 的".repo"文件：

[root@openEuler yum.repos.d]# vi openeuler_x86_64.repo

步骤 3　在文件的最后输入以下代码，保存并退出：

[openEuler]
name=openeuler

```
baseurl=https://repo.openeuler.org/openEuler-20.03-LTS/everything/x86_64/
enabled=1
gpgcheck=1
gpgkey=https://repo.openeuler.org/openEuler-20.03-LTS/everything/x86_64/
```

步骤 4　输入如下命令刷新列出软件列表：

```
[root@openEuler yum.repos.d]# yum list all
```

18.2.2　yum 命令

【功能】yum 是一种强大的包管理工具，用于在基于红帽软件管理器（Red Hat Package Manager，RPM）包管理系统的 Linux 发行版中管理软件包。它可以自动解决软件包之间的依赖关系，简化了软件包的安装、更新和删除过程。

【语法】yum [选项] [包名]

【主要选项】

-y：在执行操作时自动回答 yes，省去用户确认步骤。

-q：以静默模式执行命令，减少输出信息。

-v：以详细模式执行命令，增加输出信息。

-h 或--help：显示帮助信息，列出可用的选项。

【实例】更新软件包：

```
[root@localhost ~]# yum update
```

【实例】列出已安装的软件包：

```
[root@localhost ~]#yum list installed
```

【实例】列出 YUM 源仓库里面的所有可用的安装包：

```
[root@localhost ~]#yum list all
```

【实例】用 yum 命令移出 tree 命令：

```
[root@localhost /]# yum remove tree
```

【实例】用 yum 命令安装 httpd 软件包：

```
[root@localhost /]# yum install httpd
```

18.2.3　rpm 命令管理软件

【功能】rpm 命令用于管理软件包的安装、删除、验证和升级。

【语法】rpm [选项] [软件包]

【主要选项】

-a, --all：查询/验证所有软件包。

-f, --file：查询/验证文件属于的软件包。

-p, --package：查询/验证一个软件包。

-q, --query：查询软件包。

-d, --docfiles：列出所有程序文档。

-l, --list：列出软件包中的文件。

【实例】以下载 unzip-6.0-48.oe2203.x86_64.rpm 为例，介绍使用 wget 命令下载并安装

RPM 包。

1．rpm 查询命令

步骤 1　通过查看 openEuler.repo 文件，获得 openEuler 社区地址。

[root@localhost ~]# cat /etc/yum.repos.d/openEuler.repo |grep base
baseurl=http://repo.openeuler.org/openEuler-22.03-LTS/OS/$basearch/
…

步骤 2　通过浏览器登录 openEuler 社区地址，然后在 Packages/中查找到安装包的位置。

2．rpm 安装命令

步骤 1　执行以下命令，下载安装包：

[root@localhost ~]# wget https://repo.openeuler.org/openEuler-22.03-LTS/OS/ x86_64/Packages/unzip-6.0-48.oe2203.x86_64.rpm
root@localhost ~]# ll|grep rpm
-rw-r--r--. 1 root root 123K　4 月　1　2022 unzip-6.0-48.oe2203.x86_64.rpm

步骤 2　用 rpm 命令安装 unzip：

[root@localhost ~]# rpm -ivh unzip-6.0-48.oe2203.x86_64.rpm

步骤 3　验证 unzip 安装成功：

[root@localhost ~]# unzip --help
[root@localhost ~]# unzip -h

3．rpm 常用参数

步骤 1　查询已安装的软件包中的文件列表和完整目录：

[root@localhost ~]# rpm -ql unzip

步骤 2　查询软件包的详细信息：

[root@localhost ~]# rpm -qi unzip

4．rpm 卸载命令

步骤 1　执行以下命令，显示已安装 unzip：

[root@localhost ~]# rpm -qa | grep unzip

步骤 2　卸载 unzip：

[root@localhost ~]#rpm -e unzip-6.0-48.oe2203.x86_64

步骤 3　再次输入 rpm -qa | grep unzip 时，有报错提示未安装，说明已经卸载：

[root@localhost ~]# rpm -qa | grep unzip

18.2.4　dnf 管理软件包

【实例】将 openEuler-20.03-LTS-x86_64-dvd.iso 装入光驱，然后在 openEuler 中进行挂载，以此为源，进行 unzip 软件包安装。

步骤 1　在虚拟机中将 openEuler-20.03-LTS-x86_64-dvd.iso 装入光驱，然后在 openEuler 中进行挂载：

[root@localhost ~]# mkdir /mnt
[root@localhost ~]# mount /dev/cdrom /mnt
mount: /root/cdrom: WARNING: source write-protected, mounted read-only.

步骤 2 执行以下命令，查看 dnf 配置文件内容：

[root@localhost ~]# cat /etc/dnf/dnf.conf
[main]
gpgcheck=1
installonly_limit=3
clean_requirements_on_remove=True
best=True
skip_if_unavailable=False

步骤 3 添加软件源：

[root@localhost ~]#dnf config-manager --add-repo file:///mnt/

步骤 4 使用命令 vi /etc/yum.repos.d/mnt.repo 打开编辑文件，在最后添加以下代码：

gpgcheck=1
gpgkey=file:///mnt/RPM-GPG-KEY-openEuler

步骤 5 执行以下命令，验证启用和禁用软件源：

[root@localhost ~]#dnf repolist
[root@localhost ~]#dnf config-manager --set-disable mnt_
[root@localhost ~]#dnf repolist
[root@localhost ~]#dnf config-manager --set-enable mnt_
[root@localhost ~]#dnf repolist

步骤 6 搜索 unzip 软件包：

[root@localhost ~]#dnf search unzip

步骤 7 安装 unzip 软件包：

[root@localhost ~]#dnf install unzip

dnf 其他功能如下。

【实例】列出软件包清单、已安装软件包清单和可用软件包清单：

[root@localhost ~]#dnf list all
[root@localhost ~]#dnf list installed
[root@localhost ~]#dnf list available

【实例】显示 RPM 包信息：

[root@localhost ~]#dnf info unzip.x86_64

【实例】下载软件包，如果需要同时下载未安装的依赖，则加上"--resolve"：

[root@localhost ~]#dnf download unzip
[root@localhost ~]#dnf download --resolve httpd

【实例】如要卸载软件包以及相关的依赖软件包，则在 root 权限下执行以下命令：

[root@localhost ~]#dnf remove unzip

【实例】执行以下命令，显示管理软件包组：

[root@localhost ~]#dnf groups summary
[root@localhost ~]#dnf group list

【实例】如要安装一个软件包组，则在 root 权限下执行以下命令。例如安装 Development Tools 相应的软件包组：

```
[root@localhost ~]#dnf group install "Development Tools"
```

【实例】显示已安装的软件包组信息：

```
[root@localhost ~]#dnf group --installed –v
```

【实例】查看 dnf 命令的执行历史：

```
[root@localhost ~]#dnf history
```

【实例】检查并更新：

```
[root@localhost ~]#dnf check-update
```

练 习 题

1. 列出配置本地镜像为源的操作步骤。
2. 如何安装 g++，给出操作步骤。

实验 19　磁盘管理与文件系统

19.1　实验内容

19.1.1　实验目的

（1）掌握主引导记录（Master Boot Record，MBR）分区表模式下主分区创建方法，MBR分区表模式下扩展分区创建及逻辑分区创建方法。
（2）掌握全局唯一标识符（GUID Partition Table，GPT）分区表模式下的分区配置方法。
（3）掌握分区格式化文件系统方法。
（4）掌握文件系统挂载（mount）及卸载（umount）。
（5）掌握 ISO 文件挂载。
（6）掌握文件系统的管理命令。
（7）掌握/etc/fstab 文件配置。
（8）掌握逻辑卷创建步骤，逻辑卷扩容、缩容方法，逻辑卷删除步骤。

19.1.2　实验环境

（1）打开 VirtualBox。
（2）启动 openEuler 虚拟机。
（3）使用 PuTTY 远程登录 openEuler 虚拟机。

19.1.3　实验要求

掌握磁盘的物理结构、逻辑结构以及常用的接口类型等基本知识；掌握 MBR 与磁盘分区；掌握文件系统类型；熟练运用磁盘、分区以及文件系统的管理命令。

19.2　实验指导

19.2.1　磁盘基础

1．磁盘的相关概念

磁盘是指利用磁记录技术存储数据的存储器。磁盘是计算机主要的存储介质，可以存储大量的二进制数据，并且断电后也能保持数据不丢失。早期计算机使用的磁盘是软磁盘（Floppy Disk，简称软盘），如今常用的磁盘是硬磁盘（Hard Disk，简称硬盘）。

2．磁盘结构

机械磁盘的结构如图 19-1 所示。

（1）盘片：一个磁盘由多个盘片叠加而成。盘片的表面涂有磁性物质，这些磁性物质用来记录二进制数据。因为正反两面都可涂上磁性物质，故一个盘片可能会有两个盘面。

（2）磁头：磁头是用来读取数据的，每个盘面有一个磁头。

（3）磁道：同一盘片不同半径的同心圆，是由磁头在盘片表面划出的圆形轨迹。

（4）柱面：不同盘片相同半径构成的圆柱面，由同一半径圆的多个磁道组成。

（5）扇区：盘片被分为多个扇形区域，每个扇区存放 512 字节的数据。它是硬盘的最小存储单位。

磁头数、磁道（或柱面）和扇区构成了硬盘结构的基本参数，通过这些参数可以得到硬盘的容量，其计算公式如下：

硬盘存储容量=磁头数×磁道（柱面）数×每道扇区数×每扇区字节数（512 字节）。

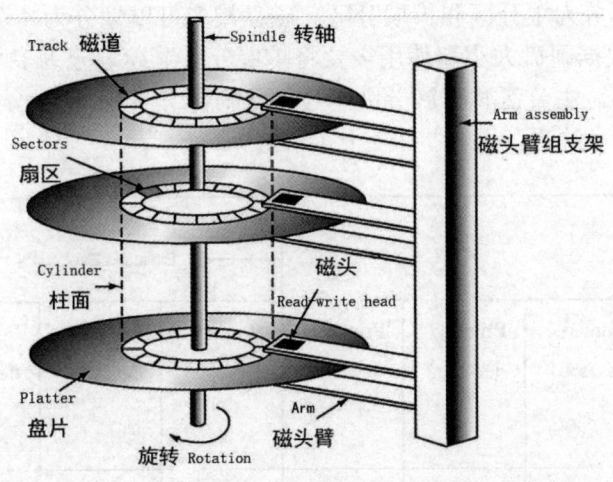

图 19-1　磁盘结构

3．磁盘接口类型

目前常见磁盘接口类型主要有集成驱动电子（Integrated Drive Electronics，IDE）、串行 ATA（Serial ATA，SATA）、小型计算机系统接口（Small Computer System Interface，SCSI）、串行连接 SCSI（Serial Attached SCSI，SAS）。

（1）IDE：并口数据线连接主板与硬盘，抗干扰性太差，且排线占用空间较大，不利于计算机内部散热，已逐渐被 SATA 取代。

（2）SATA：抗干扰性强，支持热插拔等功能，速度快，纠错能力强。

（3）SCSI：小型机系统接口，SCSI 硬盘广为工作站级个人计算机以及服务器所使用，具有数据传输时 CPU 占用率较低、转速快、支持热插拔等特点。

（4）SAS：新一代的 SCSI 技术，和 SATA 硬盘类似，都是采取序列式技术以获得更高的传输速度，传输速度可达到 6Gb/s。

4．MBR 与磁盘分区

MBR 位于硬盘第一个物理扇区处，即计算机开机以后访问硬盘时必须读取的第一个扇区，其由分区程序产生，具体结构如下：

（1）硬盘主引导程序：用于系统启动。

（2）硬盘分区表：用于记录分区情况。硬盘分区表有 4 个分区记录区，每个分区记录区占

16 个字节。

由于 MBR 在第一个扇区,而一个扇区存放 512 字节的数据,所以根据基本结构的不同可以将其划分为两个部分,主引导程序占前 446 字节,分区表保存在 MBR 扇区中的第 447～510 字节中,最后 2 个字节用作保留,不作使用。

由于 Linux 系统中的一切均表示为文件,所以硬盘(磁盘)、分区这些设备在 Linux 系统中是以文件形式存储的。可以用其中一个硬件设备文件来进行解释具体如下:

(1)/dev:硬件设备文件所在目录。

(2)hd:用来表示 IDE 设备。

(3)sd:用来表示 SATA 设备。

硬盘的顺序号,以字母 a、b、c……表示。分区的顺序号,以数字 1、2、3……表示。

MBR 通常把硬盘分为主分区和扩展分区。磁盘最多可以划分为 4 个主分区或者 3 个主分区、一个扩展分区。根据硬盘大小和使用需要将扩展分区继续划分为多个逻辑分区。硬盘中的主分区数目只有 4 个,主分区和扩展分区的序号限制在 1~4。逻辑分区始终从 5 开始。以"/dev/sdb"为例,磁盘的主分区与扩展分区如图 19-2 所示。

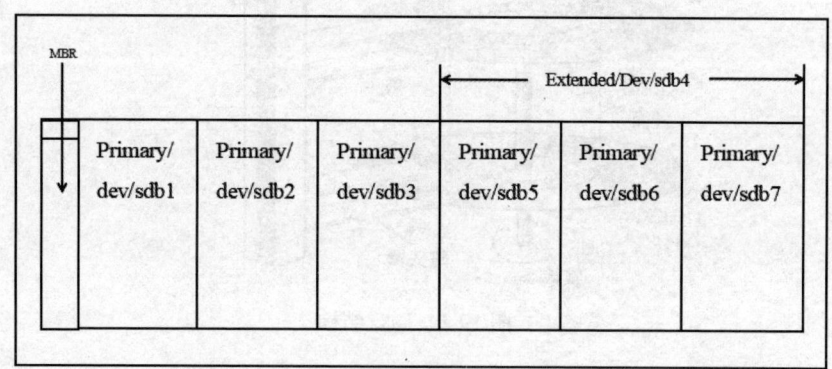

图 19-2　磁盘的主分区与扩展分区

MBR 分区格式最大支持 2TB,不支持统一可扩展固件接口(Unified Extensible Firmware Interface,UEFI)固件系统。对于新的计算机系统和大容量硬盘,通常推荐使用 GPT 分区方案,因为它克服了 MBR 的许多限制。

5. GPT 与磁盘分区

GPT 是一种现代的磁盘分区方案,其比传统的 MBR 具有更多的优势。它被设计用于克服 MBR 存在的一些限制,并支持大容量硬盘和新的固件标准,如 UEFI。

GPT 相较于 MBR 有以下特点:

(1)支持更大的硬盘容量:GPT 可以支持超过 2TB 的大容量硬盘,克服了 MBR 的 2TB 容量限制。

(2)支持更多的分区:GPT 可以支持最多 128 个分区(理论上可以更多),远远超过了 MBR 的 4 个主分区限制。

(3)数据冗余和校验:GPT 在分区表的末尾存储备份分区表以及 CRC32 校验,有助于检测数据损坏并提高数据完整性。

(4)支持更多的操作系统和文件系统:GPT 不仅支持传统的操作系统和文件系统,如

Windows、Linux、macOS 等，还支持更多的操作系统和文件系统，如 EFI 系统分区和更多种类的文件系统。

（5）不依赖于 MBR：GPT 不使用 MBR，而是使用 UEFI 的固件接口来引导操作系统。这意味着它不受 MBR 的一些限制，如 MBR 的 446 字节的代码空间限制。

在 Linux 系统中，使用 gdisk、parted 或 fdisk 等工具可以创建、管理和操作 GPT 分区。而在 Windows 系统中，通常使用磁盘管理工具来进行类似的操作。对于需要大容量硬盘支持和更多分区的情况，GPT 分区模式是现代计算机系统中的首选。

19.2.2 添加磁盘

1. 在虚拟机中加载虚拟硬盘

首先将正在运行的虚拟机关闭，打开 VirtualBox 的 openEuler01 虚拟机控制台，单击"设置"，如图 19-3 所示。

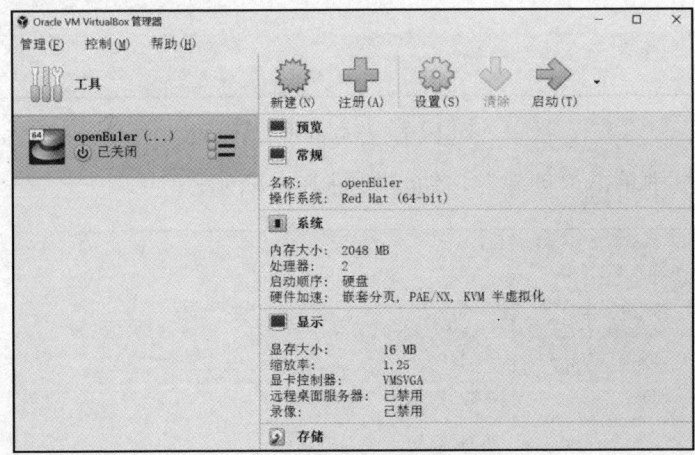

图 19-3 打开虚拟机控制台

单击"分配光驱"右边的图标，移除虚拟盘，如图 19-4 所示。

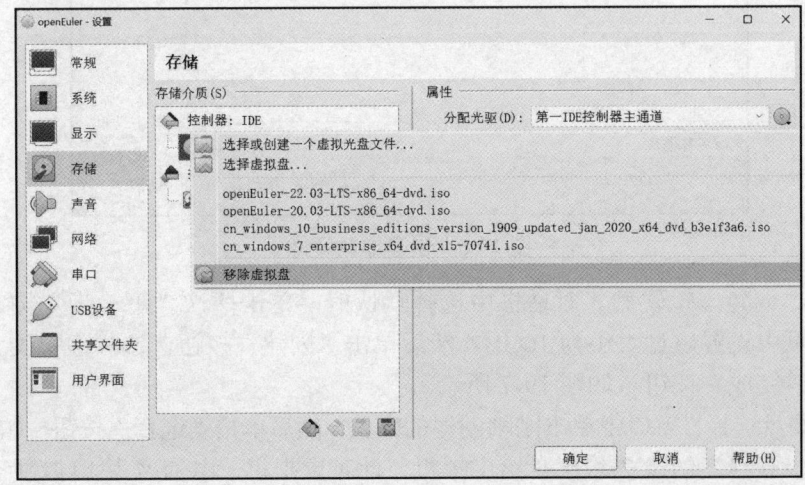

图 19-4 移除虚拟盘

没有虚拟硬盘或移出虚拟硬盘后,单击"存储"按钮,再单击"控制器:IDE"后的图标添加虚拟硬盘,如图 19-5 所示。

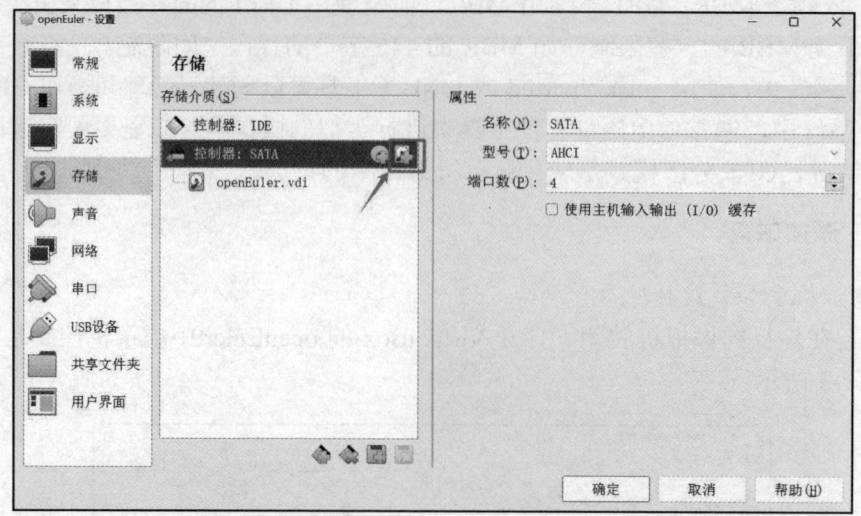

图 19-5　添加虚拟硬盘

在弹出的对话框中单击"创建"按钮,如图 19-6 所示。

图 19-6　创建虚拟硬盘

在弹出的"创建虚拟硬盘"对话框中选择默认值,单击两次"下一步"按钮,在配置文件位置和大小页中设置磁盘大小为 10GB,然后单击"创建"按钮,选择虚拟硬盘的文件位置和大小,单击"完成"按钮。如图 19-7 所示。

在"虚拟硬盘选择"窗口中单击刚刚创建的磁盘,然后单击"选择"按钮,如图 19-8 所示。

参考上述步骤继续创建 2 块磁盘给虚拟机,此时虚拟机一共有 4 块虚拟硬盘,如图 19-9 所示。

实验 19　磁盘管理与文件系统　165

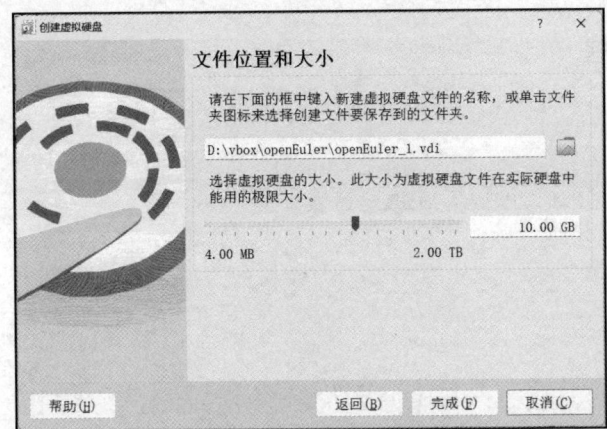

图 19-7　在指定位置创建硬盘

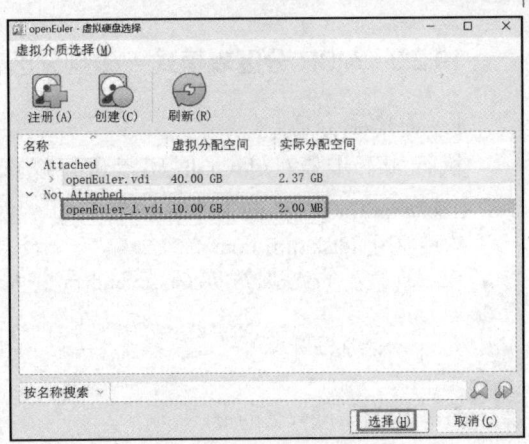

图 19-8　选择虚拟硬盘

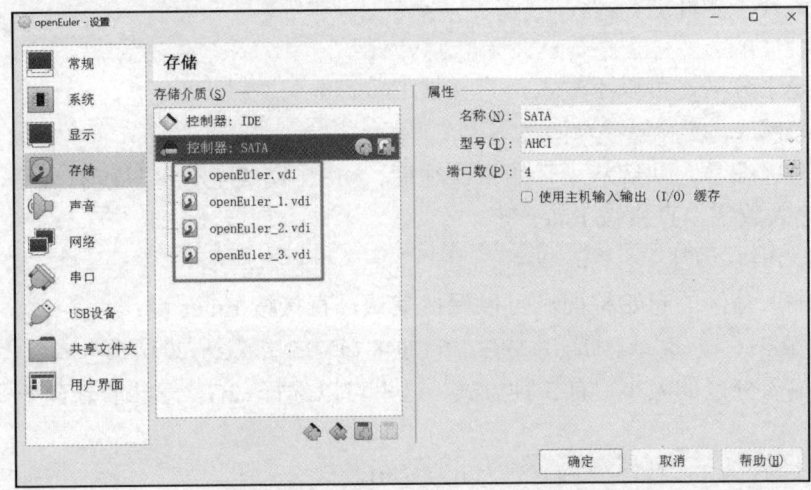

图 19-9　在虚拟机中加载虚拟硬盘

2．查盘磁盘信息

单击右下角的"确定"按钮，关闭设置窗口，然后单击"启动"按钮，启动 openEuler 虚拟机。等待虚拟机启动后，使用 PuTTY 登录虚拟机。

输入 fdisk -l 查看本地磁盘信息，可以看到多出了 /dev/sdc、/dev/sdb、/dev/sdd 三块大小为 10GB 的磁盘：

```
[root@localhost ~]# fdisk -l | grep /dev/
Disk /dev/sda: 40 GiB, 42949672960 字节, 83886080 个扇区
/dev/sda1   *        2048   2099199   2097152   1G 83 Linux
/dev/sda2         2099200  83886079  81786880  39G 8e Linux LVM
Disk /dev/sdc: 10 GiB, 10737418240 字节, 20971520 个扇区
Disk /dev/sdb: 10 GiB, 10737418240 字节, 20971520 个扇区
Disk /dev/sdd: 10 GiB, 10737418240 字节, 20971520 个扇区
Disk /dev/mapper/openeuler-root: 36.94 GiB, 39661338624 字节, 77463552 个扇区
Disk /dev/mapper/openeuler-swap: 2.06 GiB, 2210398208 字节, 4317184 个扇区
[root@localhost ~]#
```

19.2.3 MBR 分区表模式下磁盘分区管理

1. 创建主分区

执行如下步骤对/dev/sdb 磁盘进行操作：

```
[root@localhost ~]# fdisk    /dev/sdb              //fdisk 默认是 MBR 分区表模式
欢迎使用 fdisk (util-linux 2.37.2)。
...命令(输入 m 获取帮助):Command(m for help):m
...
    n    添加新分区
...
命令(输入 m 获取帮助):n                            //添加一个新的分区
分区类型
    p   主分区   (0 primary, 0 extended, 4 free)
    e   扩展分区  (逻辑分区容器)
选择 (默认 p): p
```

此处默认是主分区，可以不输入，直接按 Enter 键：

```
分区号 (1-4, 默认 1):
```

此处设置分区编号，默认从 1 开始依次往后。MBR 模式主分区只能有 4 个。这里可以保持默认 1，不输入数字，直接按 Enter 键：

```
第一个扇区 (2048-20971519, 默认 2048):
```

此处需要输入分区的起始柱面，可以保持默认，直接按 Enter 键：

```
最后一个扇区, +/-sectors 或 +size{K,M,G,T,P} (2048-20971519, 默认 20971519):+2G
```

这里需要输入分区的大小，有 3 种方式，这里可以选择+2G，意味着新建一个大小为 2GB 的分区：

```
创建了一个新分区 1, 类型为 "Linux", 大小为 2GiB。
命令(输入 m 获取帮助):w
```

输入 w 保存分区表配置，并退出：

```
分区表已调整。
将调用 ioctl( )来重新读分区表。
正在同步磁盘。
```

接下来查看/dev/sdb 磁盘信息：

```
[root@localhost ~]# fdisk -l /dev/sdb
Disk /dev/sdb: 10 GiB, 10737418240 字节, 20971520 个扇区
磁盘型号：VBOX HARDDISK
单元：扇区 / 1 * 512 = 512 字节
扇区大小(逻辑/物理): 512 字节 / 512 字节
I/O 大小(最小/最佳): 512 字节 / 512 字节
磁盘标签类型：dos
磁盘标识符：0x1c5eef62

设备         启动    起点       末尾      扇区大小   Id   类型
/dev/sdb1            2048    4196351    4194304    2G   83   Linux
```

创建了 2GB 大小的第一个分区。

2. 创建扩展分区及逻辑分区

执行如下操作对/dev/sbd 配置扩展分区及逻辑分区：

[root@localhost ~]# fdisk /dev/sdb
欢迎使用 fdisk (util-linux 2.37.2)。
更改将停留在内存中，直到您决定将更改写入磁盘。
使用写入命令前请三思。
命令(输入 m 获取帮助):**n**
分区类型
    p   主分区 (1 primary, 0 extended, 3 free)
    e   扩展分区 (逻辑分区容器)
选择 (默认 p):**e**

设置分区类型为扩展分区：

分区号 (2-4, 默认 2):

直接按 Enter 键，保持默认分区编号为 2：

第一个扇区 (4196352-20971519, 默认 4196352):
最后一个扇区, +/-sectors 或 +size{K,M,G,T,P} (4196352-20971519, 默认 20971519):

保持默认，将所有空间都进行分配：

创建了一个新分区 2，类型为"Extended"，大小为 8 GiB。
命令(输入 m 获取帮助):**n**

新建一个逻辑分区：

所有主分区的空间都在使用中。
添加逻辑分区 5
第一个扇区 (4198400-20971519, 默认 4198400):

所有分配给主分区的空间已经用完，新建一个分区编号为 5 的逻辑分区，保持默认：

最后一个扇区, +/-sectors 或 +size{K,M,G,T,P} (4198400-20971519, 默认 20971519): **+3G**

创建一个 3GB 大小的逻辑分区：

创建了一个新分区 5，类型为"Linux"，大小为 3 GiB。
命令(输入 m 获取帮助):**w**

保存分区表配置并退出：

分区表已调整。
将调用 ioctl( ) 来重新读分区表。
正在同步磁盘。

接下来查看/dev/sdb 磁盘信息：

[root@localhost ~]# fdisk -l /dev/sdb
Disk /dev/sdb：10 GiB，10737418240 字节，20971520 个扇区
磁盘型号：VBOX HARDDISK
单元：扇区 / 1 * 512 = 512 字节
扇区大小(逻辑/物理)：512 字节 / 512 字节
I/O 大小(最小/最佳)：512 字节 / 512 字节
磁盘标签类型：dos
磁盘标识符：0x1c5eef62
设备   启动   起点   末尾   扇区大小   Id   类型

/dev/sdb1	2048	4196351	4194304	2G	83	Linux
/dev/sdb2	4196352	20971519	16775168	8G	5	扩展
/dev/sdb5	4198400	10489855	6291456	3G	83	Linux

3．修改分区类型

执行如下步骤修改/dev/sdb5 分区类型为逻辑卷管理（Logical Volume Manager，LVM）：

```
[root@localhost ~]# fdisk /dev/sdb
欢迎使用 fdisk (util-linux 2.37.2)。
...
命令(输入 m 获取帮助):t
```

修改分区类型，保持默认值 t：

```
分区号 (1,2,5, 默认   5):
Hex 代码或别名(输入 L 列出所有代码):L
```

修改第 5 个分区，输入 L 列出分区类型及修改代码：

00 空	24 NEC DOS	81 Minix / 旧 Linu	bf Solaris
01 FAT12	27 隐藏的 NTFS Win	82 Linux swap / So	c1 DRDOS/sec (FAT-
02 XENIX root	39 Plan 9	83 Linux	c4 DRDOS/sec (FAT-
03 XENIX usr	3c PartitionMagic	84 OS/2 隐藏 或 In	c6 DRDOS/sec (FAT-
04 FAT16 <32M	40 Venix 80286	85 Linux 扩展	c7 Syrinx
05 扩展	41 PPC PReP Boot	86 NTFS 卷集	da 非文件系统数据
06 FAT16	42 SFS	87 NTFS 卷集	db CP/M / CTOS / .
07 HPFS/NTFS/exFAT	4d QNX4.x	88 Linux 纯文本	de Dell 工具
08 AIX	4e QNX4.x 第 2 部分	8e Linux LVM	df BootIt
09 AIX 可启动	4f QNX4.x 第 3 部分	93 Amoeba	e1 DOS 访问
0a OS/2 启动管理器	50 OnTrack DM	94 Amoeba BBT	e3 DOS R/O
0b W95 FAT32	51 OnTrack DM6 Aux	9f BSD/OS	e4 SpeedStor
0c W95 FAT32 (LBA)	52 CP/M	a0 IBM Thinkpad 休	ea Linux 扩展启动
0e W95 FAT16 (LBA)	53 OnTrack DM6 Aux	a5 FreeBSD	eb BeOS fs
0f W95 扩展 (LBA)	54 OnTrackDM6	a6 OpenBSD	ee GPT
10 OPUS	55 EZ-Drive	a7 NeXTSTEP	ef EFI (FAT-12/16/
11 隐藏的 FAT12	56 Golden Bow	a8 Darwin UFS	f0 Linux/PA-RISC
12 Compaq 诊断	5c Priam Edisk	a9 NetBSD	f1 SpeedStor
14 隐藏的 FAT16 <3	61 SpeedStor	ab Darwin 启动	f4 SpeedStor
16 隐藏的 FAT16	63 GNU HURD 或 Sys	af HFS / HFS+	f2 DOS 次要
17 隐藏的 HPFS/NTF	64 Novell Netware	b7 BSDI fs	fb VMware VMFS
18 AST 智能睡眠	65 Novell Netware	b8 BSDI swap	fc VMware VMKCORE
1b 隐藏的 W95 FAT3	70 DiskSecure 多启	bb Boot Wizard 隐	fd Linux raid 自动
1c 隐藏的 W95 FAT3	75 PC/IX	bc Acronis FAT32 L	fe LANstep
1e 隐藏的 W95 FAT1	80 旧 Minix	be Solaris 启动	ff BBT

别名:

linux	- 83
swap	- 82
extended	- 05
uefi	- EF
raid	- FD
lvm	- 8E
linuxex	- 85

Hex 代码或别名(输入 L 列出所有代码):**8e**
已将分区"Linux"的类型更改为"Linux LVM"。
命令(输入 m 获取帮助):**p**
Disk /dev/sdb: 10 GiB，10737418240 字节，20971520 个扇区
磁盘型号：VBOX HARDDISK
单元：扇区 / 1 * 512 = 512 字节
扇区大小(逻辑/物理): 512 字节 / 512 字节
I/O 大小(最小/最佳): 512 字节 / 512 字节
磁盘标签类型：dos
磁盘标识符：0x1c5eef62

设备	启动	起点	末尾	扇区	大小	Id	类型
/dev/sdb1		2048	4196351	4194304	2G	83	Linux
/dev/sdb2		4196352	20971519	16775168	8G	5	扩展
/dev/sdb5		4198400	10489855	6291456	3G	8e	Linux LVM

命令(输入 m 获取帮助):**w**
分区表已调整。
将调用 ioctl( ) 来重新读分区表。
正在同步磁盘。

4．删除分区

执行如下步骤删除/dev/sdb1 分区：

[root@localhost ~]# fdisk /dev/sdb
欢迎使用 fdisk (util-linux 2.37.2)。
…命令(输入 m 获取帮助):**d**

输入 d，删除分区：

分区号 (1,2,5，默认 5): 1
分区 1 已删除。

选择要删除的分区编号为 1，然后输入 p 查看现有分区信息：

命令(输入 m 获取帮助):**p**
Disk /dev/sdb: 10 GiB，10737418240 字节，20971520 个扇区
磁盘型号：VBOX HARDDISK
单元：扇区 / 1 * 512 = 512 字节
扇区大小(逻辑/物理): 512 字节 / 512 字节
I/O 大小(最小/最佳): 512 字节 / 512 字节
磁盘标签类型：dos
磁盘标识符：0x1c5eef62

设备	启动	起点	末尾	扇区	大小	Id	类型
/dev/sdb2		4196352	20971519	16775168	8G	5	扩展
/dev/sdb5		4198400	10489855	6291456	3G	8e	Linux LVM

分区 sdb1 已经被删除，输入 w 保存退出：

命令(输入 m 获取帮助):**w**
分区表已调整。
将调用 ioctl( )来重新读分区表。
正在同步磁盘。

19.2.4 GPT 分区表模式下的磁盘分区管理

1. parted 交互式创建分区

使用 parted 分区命令对/dev/sdc 磁盘进行分区:

```
[root@localhost ~]# parted /dev/sdc
GNU Parted 3.4
使用 /dev/sdc
欢迎使用 GNU Parted! 输入 'help' 来查看命令列表。
(parted) help
```

若不清楚如何操作,可以输入 help 查看帮助信息:

```
...
  print [devices|free|list,all|数字]     //显示分区表、可用设备、剩余空间、所有分区或特殊分区
  quit                                  //退出程序
...
(parted) mklabel
```

设置磁盘分区表格式为 GPT:

```
新的磁盘卷标类型? gpt
警告: 现有 /dev/sdc 上的磁盘卷标将被销毁,而所有在这个磁盘上的数据将会丢失。您要继续吗?
是/Yes/否/No?yes
```

输入 yes 确认。接下来输入 mkpart 创建新分区,分区名称为 gpt1,分区类型为 xfs:

```
(parted) mkpart
分区名称?  []? gpt1
文件系统类型?  [ext2]? xfs
```

设置分区起始点为 0KB,设置分区结束点为 2GB:

```
起始点? 0KB
结束点? 2GB
警告: 您要求将分区从 0.00B 移动到 2000MB (扇区 0..3906250)。
我们可以管理的最近的分区是从 17.4KB 到 2000MB (扇区 34..3906250)。
这样您还可以接受吗?
是/Yes/否/No? yes
```

输入 yes 进行确认:

```
警告: The resulting partition is not properly aligned for best performance: 34s % 2048s != 0s
忽略/Ignore/放弃/Cancel? Ignore
```

输入 Ignore 忽略告警,然后 print 输出分区信息:

```
(parted) print
型号: ATA VBOX HARDDISK (scsi)
磁盘 /dev/sdc: 10.7GB
扇区大小 (逻辑/物理): 512B/512B
分区表: gpt
磁盘标志:

编号  起始点    结束点    大小      文件系统   名称    标志
 1    17.4KB   2000MB   2000MB    xfs        gpt1
```

gpt1 就是上面步骤创建的分区，文件系统类型为 xfs：

(parted) **quit**
信息: 你可能需要 /etc/fstab。

2．非交互式创建分区

还可以使用 parted 直接带参数，如分区名称，设置起始点和结束点，直接创建分区：

[root@localhost ~]# parted /dev/sdc mkpart gpt2 2001M 5G
信息: 你可能需要 /etc/fstab。

输出分区信息：

[root@localhost ~]# parted /dev/sdc p   #Model: Virtio Block Device (virtblk)
型号：ATA VBOX HARDDISK (scsi)
磁盘 /dev/sdc: 10.7GB
扇区大小 (逻辑/物理): 512B/512B
分区表: gpt
磁盘标志:

编号	起始点	结束点	大小	文件系统	名称	标志
1	17.4KB	2000MB	2000MB		gpt1	
2	2001MB	5000MB	2999MB		gpt2	

gpt2 就是前述步骤创建的分区。

需要说明的是由于/dev/sdc 磁盘已经设置了分区表格式是 GPT，所以这里没有重复设置。若是一块新的磁盘则需要输入如下命令：

[root@localhost ~]# parted /dev/sdc mklabel gpt

3．查看块设备的分区配置

可以使用 parted -l 命令查看所有块的分区配置：

[root@localhost ~]# parted -l
型号：ATA VBOX HARDDISK (scsi)
磁盘 /dev/sda: 42.9GB
扇区大小 (逻辑/物理): 512B/512B
分区表: msdos
磁盘标志:

编号	起始点	结束点	大小	类型	文件系统	标志
1	1049KB	1075MB	1074MB	primary	ext4	启动
2	1075MB	42.9GB	41.9GB	primary		lvm

型号：ATA VBOX HARDDISK (scsi)
磁盘 /dev/sdb: 10.7GB
扇区大小 (逻辑/物理): 512B/512B
分区表: msdos
磁盘标志:

编号	起始点	结束点	大小	类型	文件系统	标志
2	2149MB	10.7GB	8589MB	extended		
5	2150MB	5371MB	3221MB	logical		lvm

型号：ATA VBOX HARDDISK (scsi)

磁盘 /dev/sdc：10.7GB
扇区大小 (逻辑/物理)：512B/512B
分区表：gpt
磁盘标志：

编号	起始点	结束点	大小	文件系统	名称	标志
1	17.4KB	2000MB	2000MB		gpt1	
2	2001MB	5000MB	2999MB		gpt2	

错误：/dev/sdd：无法辨识的磁盘卷标
型号：ATA VBOX HARDDISK (scsi)
磁盘 /dev/sdd：10.7GB
扇区大小 (逻辑/物理)：512B/512B
分区表：unknown
磁盘标志：

使用 parted /dev/sdc p 命令来查看指定块分区信息：

[root@localhost ~]# parted /dev/sdc p
型号：ATA VBOX HARDDISK (scsi)
磁盘 /dev/sdc：10.7GB
扇区大小 (逻辑/物理)：512B/512B
分区表：gpt
磁盘标志：

编号	起始点	结束点	大小	文件系统	名称	标志
1	17.4KB	2000MB	2000MB		gpt1	
2	2001MB	5000MB	2999MB		gpt2	

当然也可以使用 fdisk -l 命令查看指定块的分区信息：

[root@localhost ~]# fdisk -l /dev/sdc
Disk /dev/sdc：10 GiB，10737418240 字节，20971520 个扇区
磁盘型号：VBOX HARDDISK
单元：扇区 / 1 * 512 = 512 字节
扇区大小(逻辑/物理)：512 字节 / 512 字节
I/O 大小(最小/最佳)：512 字节 / 512 字节
磁盘标签类型：gpt
磁盘标识符：29D80B93-8F02-4FAA-8533-BBC5580BCB8F

设备	起点	末尾	扇区	大小	类型	
/dev/sdc1	34	3906250	3906217	1.9G	Linux	文件系统
/dev/sdc2	3907584	9764863	5857280	2.8G	Linux	文件系统

4．删除分区

删除/dev/sdc 下的第一个分区，执行如下命令：

[root@localhost ~]# parted /dev/sdc rm 1
信息：你可能需要 /etc/fstab。

查看删除后的结果，已经无 gpt1 分区：

[root@localhost ~]# parted /dev/sdc p
型号：ATA VBOX HARDDISK (scsi)
磁盘 /dev/sdc：10.7GB

扇区大小 (逻辑/物理)：512B/512B
分区表：gpt
磁盘标志：
编号 起始点   结束点   大小   文件系统 名称 标志
 2   2001MB   5000MB   2999MB   gpt2

当然，还可以使用一个更灵活的 cfdisk 命令进行创建分区、调整大小、改变类型、删除分区等操作，用户可以自行尝试使用。

19.2.5 格式化与挂载

1. 格式化文件系统

/dev/sdc 创建的分区 sdc2 显示无文件系统，需要执行如下命令格式化：

```
[root@localhost ~]# mkfs -t xfs /dev/sdc2
```

通过 parted 查看格式化后分区详细信息：

```
[root@localhost ~]# parted /dev/sdc2 p Model: Virtio Block Device (virtblk)
...
```

编号 起始点   结束点   大小   文件系统 标志
 1   0.00B   2999MB   2999MB   xfs

2. 挂载文件系统

要使用该文件系统，需要执行如下步骤进行挂载。先在/mnt 下创建文件系统挂载点 /mnt/xfs01 目录，然后使用 mount 命令进行挂载：

```
[root@localhost ~]# mkdir /mnt/xfs01
[root@localhost ~]# mount /dev/sdc2 /mnt/xfs01/
```

查看系统挂载情况：

```
[root@localhost mnt]#df -h
```
文件系统   容量   已用   可用   已用%   挂载点
...
/dev/sda1   974M   87M   820M   10%   /boot
/dev/sdc2   2.8G   53M   2.8G   2%   /mnt/xfs01

查看文件系统挂载情况：

```
[root@localhost mnt]# mount | grep /dev/sdc2
/dev/sdc2 on /mnt/xfs01 type xfs (rw,relatime,seclabel,attr2,inode64,logbufs=8, logbsize=32k,noquota)
```

3. 挂载 ISO 文件

需要使用 winscp 工具将 openEuler-20.03-LTS-x86_64-dvd.iso（3.39GB）上传至 openEuler01 虚拟机中。通过 df -h 查看，可用空间大小能否满足。

由于 10GB 的/dev/sdd 还未分区，需要先设定其分区格式为 GPT，然后创建名称为 gpt1 的分区，其大小为 10GB，再将其格式化为 xfs 文件系统：

```
[root@localhost mnt]# parted /dev/sdd mklabel gpt
[root@localhost mnt]# parted /dev/sdd mkpart gpt1 0 10G
[root@localhost mnt]# parted /dev/sdd p
...
分区表：gpt
```

磁盘标志：
编号   起始点   结束点   大小   文件系统   名称   标志
 1   17.4KB   10.0GB   10000MB   gpt1
[root@localhost mnt]# mkfs -t xfs /dev/sdd1
[root@localhost mnt]#parted /dev/sdd p
...
编号   起始点   结束点   大小   文件系统   名称   标志
 1   17.4KB   10.0GB   10000MB   xfs   gpt1

接下来在/mnt 下建立 xfs02 目录来挂载/dev/sdd1 文件系统：

[root@localhost ~]# mkdir /mnt/xfs02
[root@localhost ~]# mount /dev/sdd1 /mnt/xfs02
[root@localhost ~]# df -h
文件系统   容量   已用   可用   已用%   挂载点
...
/dev/sda1   974M   87M   820M   10%   /boot
/dev/sdc2   2.8G   53M   2.8G   2%   /mnt/xfs01
/dev/sdd1   9.4G   99M   9.3G   2%   /mnt/xfs02

因此/mnt/xfs02 的空间可以满足上传 ISO 镜像文件的需求。

在 Windows 的命令提示符窗口执行以下命令，将 ISO 文件复制至远程虚拟机服务的/mnt/xfs02 目录下：

D:\download>scp openEuler-22.03-LTS-x86_64-dvd.iso root@192.168.10.48:/mnt/xfs02
...
Are you sure you want to continue connecting (yes/no/[fingerprint])?yes
...
root@192.168.10.48's password:
openEuler-22.03-LTS-x86_64-dvd.iso   12%   425MB   53.5MB/s   00:57 ETA
D:\download>

切换至虚拟机，查看是否上传成功：

[root@localhost xfs02]# ll
总用量 3.4G
-rw-r--r--. 1 root root 3.4G   7月 30 21:14 openEuler-22.03-LTS-x86_64-dvd.iso

接下来执行如下步骤挂载 ISO 文件。在/mnt 下创建挂载点，即新建目录 cdrom，然后挂载 ISO 文件到/mnt/cdrom：

[root@localhost ~]# mkdir /mnt/cdrom
[root@localhost ~]# mount /mnt/xfs02/openEuler-22.03-LTS-x86_64-dvd.iso /mnt/cdrom/
mount: /mnt/cdrom: WARNING: source write-protected, mounted read-only.

挂载 ISO，有些系统需要加上-o loop 参数才可以挂载：

[root@localhost ~]# ls /mnt/cdrom
docs   EFI   images   isolinux   ks   Packages   repodata
RPM-GPG-KEY-openEuler   TRANS.TBL

可查看镜像文件中的数据，说明挂载成功。

4．设置开机自动挂载

执行如下命令查看分区的通用唯一识别码（Universally Unique Identifier，UUID），这里以

/dev/sdd1 为例：

```
[root@localhost ~]# blkid /dev/sdd1
/dev/sdd1: UUID="79de21b2-83f1-4663-88e7-fa51f8746ce6" BLOCK_SIZE="512" TYPE="xfs" PARTLABEL="gpt1" PARTUUID="df2f4d2e-1e22-4900-8277-39047090b6ab"
```

此处需要记住 UUID，后续用到时，注意在不同的环境下该值不一样。
参考如下步骤编写 /etc/fstab 文件，配置开机自动挂载。先查看 /dev/sdd1 的挂载情况：

```
[root@localhost ~]# df -h |grep /dev/sdd
/dev/sdd1              9.4G  3.5G  5.9G  38% /mnt/xfs02
```

先卸载所有额外挂载：

```
[root@localhost ~]# umount -a
[root@localhost ~]# df -h | grep /dev/sdd
```

编辑 /etc/fstab 文件，配置自动挂载，在文件的最后一行加入如下信息。UUID 中的值为上述查询的值，完成后保存并退出：

```
[root@localhost ~]# vi /etc/fstab
UUID=79de21b2-83f1-4663-88e7-fa51f8746ce6   /mnt/xfs02    xfs    defaults    0 0
```

挂载所有设备，然后查看设备挂载情况：

```
[root@localhost ~]# mount -a
[root@localhost ~]# df -h | grep /dev/sdd        #查看设备挂载情况
/dev/sdd1              9.4G  3.5G  5.9G  38% /mnt/xfs02
```

19.2.6 逻辑卷管理

1. 逻辑卷的概念

对硬盘的分区可以优化 I/O 读写性能，但是分区一旦成立，如果因为空间不足而需要更改时必须重新分区，这样会导致存储的数据丢失。为避免这种情况，通常采用逻辑卷管理。逻辑卷具有以下优点：①空间足够可以无限制扩容，不会影响数据；②空间可以不连续；③有限的备份功能。

逻辑卷管理是一种 Linux 系统下对硬盘的管理机制，适用于管理大容量存储设备。其是逻辑上组成的一块硬盘，使得文件系统不再关心底层物理硬盘，允许动态管理磁盘空间的大小。

逻辑卷需要从创建物理卷到创建卷组，然后才能进行逻辑卷的创建。

（1）物理卷（Physical Volume，PV）：PV 是真正的物理硬盘或分区，提供了最底层基础的磁盘存储空间。

（2）卷组（Volume Group，VG）：将多个物理卷合起来就组成了卷组。组成同一个卷组的物理卷可以是同一块硬盘的不同分区，也可以是不同硬盘上的不同分区。我们可以把卷组想象为一块逻辑硬盘。

（3）逻辑卷（Logical Volume，LV）：卷组是一块逻辑硬盘，硬盘必须分区之后才能使用，这个分区称作逻辑卷。逻辑卷可以被格式化和写入数据。

（4）物理扩展（Physical Extent，PE）：PE 是用来保存数据的最小单元，用户的数据实际上都是写入 PE 当中的。PE 的大小是可以配置的，默认是 4MB。

真实硬盘、物理卷和逻辑卷之间的关系如图 19-10 所示。

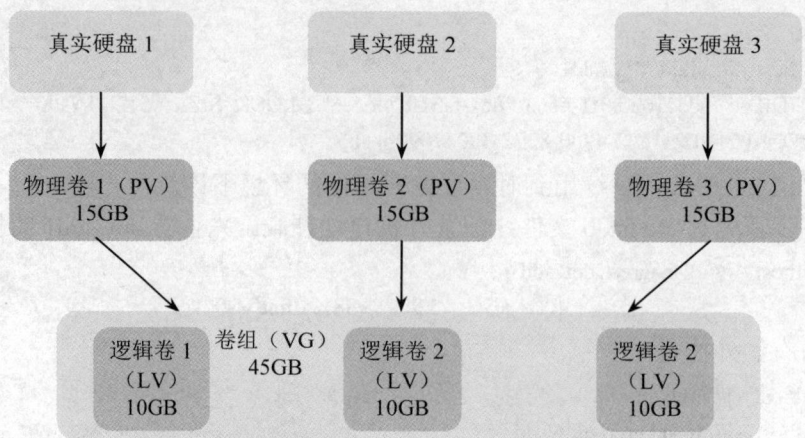

图 19-10 真实硬盘、物理卷和逻辑卷之间的关系

Linux 下创建逻辑卷要求如下：

首先，逻辑卷管理的创建顺序是物理卷—卷组—逻辑卷。这意味着，在创建逻辑卷之前，必须先创建物理卷，物理卷可以是实际物理硬盘上的分区或整个物理硬盘。卷组则建立在物理卷之上，至少要包括一个物理卷，并且可以在卷组建立后动态添加物理卷到卷组中。逻辑卷建立在卷组之上，可以属于同一个卷组或多个卷组。

其次，物理卷、卷组和逻辑卷的配置需要依次进行。常见的命令包括创建物理卷的 pvcreate、创建卷组的 vgcreate 以及创建逻辑卷的 vlcreate 命令。在虚拟机中添加磁盘后，通常需要重启操作系统，但也可以通过其他命令重新扫描来添加磁盘，避免重启系统。

最后，逻辑卷的创建和扩容适用于管理大存储设备，并允许用户动态调整文件系统的大小，这提供了很大的灵活性。然而，这一过程需要一定的技术知识和对 Linux 系统的深入理解，以确保正确配置和管理存储资源。

2. 创建逻辑卷并格式化

通过 cfdisk 命令对 /dev/sdb、/dev/sdc、/dev/sdd 进行设置，每个保留 4GB LVM 分区。设置后的情况通过 fdisk-l 显示如下：

```
[root@localhost ~]# fdisk -l /dev/sdb /dev/sdc /dev/sdd
Disk /dev/sdb: 10 GiB, 10737418240 字节, 20971520 个扇区
...
设备         启动    起点        末尾        扇区       大小   Id   类型
/dev/sdb2            4196352     20971519    16775168   8G    5    扩展
/dev/sdb5            4198400     12587007    8388608    4G    8e   Linux LVM
/dev/sdb6            12589056    20971519    8382464    4G    83   Linux

Disk /dev/sdc: 10 GiB, 10737418240 字节, 20971520 个扇区
...
设备         起点        末尾        扇区       大小   类型
/dev/sdc1    9764864     18153471    8388608    4G     Linux LVM
/dev/sdc2    3907584     9764863     5857280    2.8G   Linux 文件系统

分区表记录没有按磁盘顺序。
```

Disk /dev/sdd：10 GiB，10737418240 字节，20971520 个扇区
...

设备	起点	末尾	扇区	大小	类型
/dev/sdd1	34	10485793	10485760	5G	Linux 文件系统
/dev/sdd2	10487808	18876415	8388608	4G	Linux LVM

先通过 pvscan 命令扫描物理卷情况：

[root@localhost ~]# pvscan
[root@localhost ~]# pvcreate /dev/sdb5
[root@localhost ~]# pvscan

再次扫描，证明已经创建成功。也可通过 pvdisplay 命令进行检查：

[root@localhost ~]# pvdisplay

接下来用 vgcreate 命令创建 tryvg 卷组：

[root@localhost ~]# vgcreate tryvg /dev/sdb5
[root@localhost ~]# vgdisplay tryvg

最后用 lvcreate 命令创建逻辑卷：

[root@localhost ~]# lvcreate -L 2G -n trylv tryvg
[root@localhost ~]# lvdisplay /dev/tryvg/trylv

执行如下命令格式化 LV 并挂载：

[root@localhost ~]# mkfs.ext4 /dev/tryvg/trylv
[root@localhost ~]# mkdir /mnt/trylv
[root@localhost ~]# mount /dev/tryvg/trylv /mnt/trylv/
[root@localhost ~]# df -h |grep tryvg

到目前为止，卷组 tryvg 中仅包含/dev/sdb 下物理卷中的部分内容。

3．逻辑卷扩容

执行如下命令扩展逻辑卷与文件系统，卷组仅在 PE 大小一致时才可以扩展：

[root@localhost ~]#pvcreate /dev/sdc1
[root@localhost ~]#vgextend testvg /dev/sdc1
[root@localhost ~]# vgdisplay tryvg
[root@localhost ~]# pvs
[root@localhost ~]# vgs

根据输出结果，看到卷组已经扩展到了 8GB，可用空间还有近 6GB，但逻辑卷仅 2GB，可以使用 lvs 进行查看：

[root@localhost ~]# lvs /dev/tryvg/trylv

下面使用 lvextend 命令对逻辑卷进行扩展：

[root@localhost ~]# lvextend -L +2G /dev/tryvg/trylv
[root@localhost ~]# lvs /dev/tryvg/trylv
[root@localhost ~]# df -h|grep /mnt/trylv

但查看挂载信息仍是 2GB，所以需要使用 resize2fs 命令来调整大小：

[root@localhost ~]# resize2fs /dev/tryvg/trylv
[root@localhost ~]# df -h|grep /mnt/trylv

调整后查看逻辑卷扩展至 4GB。

4．逻辑卷缩容

逻辑卷缩容操作极易导致数据丢失，一般不建议数据在未备份的情况下进行缩容操作。因此进行该操作时应非常谨慎。先卸载文件系统，再检查文件系统使用情况：

[root@localhost ~]#umount /mnt/trylv

[root@localhost ~]# e2fsck -f /dev/tryvg/trylv

重新指定文件系统逻辑大小

[root@localhost ~]# resize2fs /dev/tryvg/trylv 2G

可以看到 LV 没有缩容。需将 LV 修改为不活动状态，执行缩容操作。再将 LV 修改为活动状态：

[root@localhost ~]# lvchange -a n /dev/tryvg/trylv

[root@localhost ~]# lvreduce -L 2G /dev/tryvg/trylv

[root@localhost ~]# lvchange -a y /dev/tryvg/trylv

[root@localhost ~]# lvs /dev/tryvg/trylv

逻辑卷 trylv 已经调整大小为 2GB，检查文件系统，重新挂载后查看：

[root@localhost ~]# e2fsck -f /dev/tryvg/trylv

[root@localhost ~]# mount /dev/tryvg/trylv /mnt/trylv/

[root@localhost ~]# df -h /dev/tryvg/trylv

执行如下步骤删除创建的 LVM 配置。先卸挂载点，用 lvremove 命令移出逻辑卷，再用 vgremove 命令移出卷组，最后用 pvremove 命令移出物理卷：

[root@localhost ~]# umount /mnt/trylv

[root@localhost ~]# lvremove -y /dev/tryvg/trylv

[root@localhost ~]# vgremove tryvg

[root@localhost ~]# pvremove /dev/sdb5 /dev/sdc1

练 习 题

1．思考在 Windows 系统中如何解决分区空间不足的问题？

2．请在 Linux 中创建一个逻辑卷 LV，要求：PE 大小为 8MB，LV 包含 30 个逻辑扩展（Logical Extent，LE）。

实验 20　任务计划与日志管理

20.1　实验内容

20.1.1　实验目的

（1）掌握计划任务、管理方法。
（2）掌握日志及日志管理。

20.1.2　实验环境

（1）打开 VirtualBox。
（2）启动 openEuler 虚拟机。
（3）使用 PuTTY 远程登录 openEuler 虚拟机。

20.1.3　实验要求

掌握 openEuler 的一次性任务 at 命令、周期任务 crontab 命令使用和日志管理等基本操作。

20.2　实验指导

20.2.1　计划任务概述

在 openEuler 操作系统中，除了用户即时执行的命令操作以外，还可以配置在指定的日期、指定的时间点执行预先计划的系统管理任务。在系统运维过程中，可能需要在某个预设的时间执行特定任务，如定期备份、定期采集监测数据、定时发送邮件、定时清空日志文件等。

任务的内容可以看作是一系列命令或者一个脚本，用户则需要在特定时间去执行它。

系统中默认已安装了 at、crond 软件包，通过 at 和 crond 这两个系统服务实现一次性、周期性计划任务的功能，并分别通过 at 命令和 crontab 命令进行计划任务设置。

20.2.2　一次性任务管理

1. 安装 at 命令

系统默认已经安装了 at 命令，如果没有安装，则可以按照以下步骤进行安装。
（1）运行命令安装：
```
yum install at -y
```
（2）启用 atd 服务：
```
systemctl start atd
```

（3）设置自动启动：

```
systemctl enable --now atd
```

【语法】at [选项] [日期时间等]

【主要选项】

-l：显示待执行任务的列表。

-d id：删除指定 id 的待执行任务。

2．一次性任务管理

设置 5 分钟后，把字符串"aaa""bbb"和当前日期时间输出至/var/log/at.log，执行如下命令添加单次任务，输入完成后按 Ctrl+D 组合键：

```
[root@localhost ~]#at now+5min
warning: commands will be executed using /bin/sh
at> echo "aaa" >>/var/log/at.log
at> echo "bbb" >>/var/log/at.log
at> date >>/var/log/at.log
at>                #此处按 Ctrl+D 组合键
job 6 at Thu Aug   1 04:14:00 2024
```

时间到了，查看/var/log/at.log 内容：

```
[root@localhost log]# cat /var/log/at.log
aaa
bbb
2024 年 08 月 01 日 星期四 04:19:00 CST
```

如果需要在 04:30 再向 at.log 输入当前所在目录信息，则执行如下命令：

```
[root@localhost log]# at 4:30
warning: commands will be executed using /bin/sh
at Fri Aug   1 04:30:00 2024
at> pwd >>/var/log/at.log
at> <EOT>    #此处按 Ctrl+D 组合键
job 10 at Fri Aug   1 04:30:00 2024
[root@localhost log]# date
2024 年 08 月 01 日 星期四 05:26:15 CST
```

执行如下命令查询任务列表，左侧数字表示任务 ID：

```
[root@localhost log]# atq
10         Fri Aug   1 04:30:00 2024 a root
```

执行如下命令查看任务详细信息：

```
[root@localhost ~]#at -c 10
#!/bin/sh
# atrun uid=0 gid=0
...
pwd >>/var/log/at.log
marcinDELIMITER1f0ee02c
```

时间到了，查看执行结果如下：

```
[root@localhost log]#cat at.log
```

```
aaa
bbb
2024 年 08 月 01 日 星期四 04:19:00 CST
/var/log
```

执行如下命令，如果任务时间较长，无法马上看到执行效果，则可以使用 atq 命令或者 at-l 命令查看任务 ID，然后用 atrm 命令删除临时任务：

```
[root@localhost log]# at 23:00
warning: commands will be executed using /bin/sh
at Thu Aug    1 23:00:00 2024
at> echo "good night">>/var/log/at.log
at> <EOT>              #按 Ctrl+D 组合键
job 12 at Thu Aug    1 23:00:00 2024
[root@localhost log]# atq                #或者 at -l
12         Thu Aug    1 23:00:00 2024 a root
[root@localhost log]#atrm 12
[root@localhost log]# atq
```

20.2.3 周期任务管理

1．crontab 命令

crontab 命令用于设置周期性被执行的命令。该命令从标准输入设备读取命令，并将其存放于 crontab 文件中，以供之后读取和执行。

crond 是 Linux 下用来周期性执行某种任务或等待处理某些事件的一个守护进程，cron 系统调度进程可以使用它在每天的非高峰负荷时间段运行作业，或在一周或一月中的不同时段运行。cron 是系统主要的调度进程，可以在无须人工干预的情况下运行作业。

crontab 命令允许用户提交、编辑或删除相应的作业。每一个用户都可以有一个 crontab 文件来保存调度信息。系统管理员可以通过/etc/cron.deny 和/etc/cron.allow 这两个文件来禁止或允许用户使用 crontab 文件。

任务调度分为两类：系统任务调度和用户任务调度。

（1）系统任务调度：在/etc 目录下的 crontab 文件，即为系统任务调度的配置文件。

（2）用户任务调度：用户定期要执行的工作。所有用户定义的 crontab 文件都被保存在/var/spool/cron 目录中。其文件名与用户名一致。

运行命令安装：yum install crontabs，系统默认已经安装了 crontab 命令。

启用 atd 服务：systemctl start corntab。

查看 crontab 状态：systemctl status crontab。

设置自动启动：systemctl enable crontab。

crontab 命令格式如下：

【语法】

crontab [-u user] [文件]

crontab [-u user] [-e | -l | -r | -i]

【主要选项】

-u user：用来设定某个用户的 crontab 服务，例如，-u user001 表示设定用户的 crontab 服务，此选项一般由 root 用户来运行。

file：file 是命令文件的名字，表示将 file 作为 crontab 的任务列表文件并载入 crontab。如果在命令行中没有指定这个文件，则 crontab 命令将接受标准输入（键盘）上键入的命令，并将它们载入 crontab。

-e：编辑某个用户的 crontab 文件内容。如果不指定用户，则表示编辑当前用户的 crontab 文件内容。

-l：显示某个用户的 crontab 文件内容。如果不指定用户，则表示显示当前用户的 crontab 文件内容。

-r：从/var/spool/cron 目录中删除某个用户的 crontab 文件。如果不指定用户，则默认删除当前用户的 crontab 文件。

-i：在删除用户的 crontab 文件时给确认提示。

crontab 任务的时间格式如图 20-1 所示：

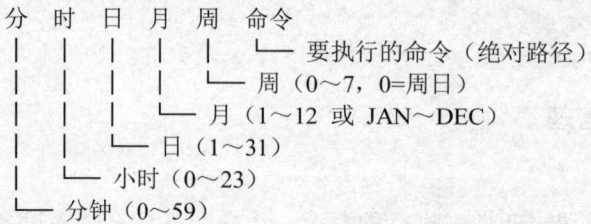

图 20-1　时间格式

各种时间写法举例如表 20-1 所示。

表 20-1　各种时间写法举例

举例	时间	略注
0 * * * *	每个小时的整点	
5 10 * * *	每天的 10 点 5 分	"*" 表示每……
1,5,9 * * * *	1,5,9 表示：1、5、9 分钟	"," 表示取不同的范围点
8-12 * * * *	8-12 表示 8～12 分钟	"-" 表示范围
*/5 * * * *	*/5 表示每隔 5 分钟	

把上面规定的时间、要执行的命令按格式要求列出，当然包括脚本（最常用），命令最好要写绝对路径。

2．管理周期任务

查询系统当前用户的 cron 定时任务：

```
[root@localhost ~]#crontab -l
no crontab for root
```

crontab 将会打开一个编辑器，请在编辑器中输入如下内容，保存并退出。文件默认保存在/var/spool/cron/，并以当前用户名 root 命名。

每隔 2 分钟把日期时间输出到 cronchk.log，每隔 2 分钟将使用用户输出到 cronuser.log 中：

```
[root@localhost ~]#crontab -e
*/2 * * * * date >> /var/log/cronchk.log
```

```
*/2 * * * * who >>/var/log/cronuser.log
[root@localhost ~]#ls /var/spool/cron/
root
```

查询系统当前用户的 cron 定时任务：

```
[root@localhost ~]#cat /var/spool/cron/root
*/2 * * * * date >>/var/log/cronchk.log
*/2 * * * * who >> /var/log/cronuser.log
[root@localhost ~]#crontab -l
0 * * * * date >>/var/log/cronchk.log
*/2 * * * * id >> /var/log/cronuser.log
[root@localhost ~]#cat /var/log/cronuser.log
[root@localhost ~]#cat /var/log/cronchk.log
```

删除当前用户的所有计划任务：

```
[root@localhost ~]#crontab -r
[root@localhost ~]#crontab -l
no crontab for root
```

20.2.4 日志管理

管理员可以通过日志来检查错误发生的原因，或者寻找受到攻击时攻击者留下的痕迹。日志管理包括系统日志、应用程序日志、安全日志、日志审计、网络日志等。

1. 系统日志

rsyslogd 是 sysogd 的升级版，其配置语法与 syslogd 的配置文件一致。openEuler 使用的是 rsyslogdsyslogd 记录的日志，其一般存储在 var/log/下，当然也可以存储在另外的服务器上的。因为 syslogd 记录的信息实在是太重要了，所以还涉及日志安全的问题。各文件的含义如下：

（1）/var/log/cron：记录系统定时任务相关的日志。

（2）/var/log/cups/：记录打印信息的日志。

（3）/var/log/dmesg：记录系统在开机时内核自检的信息。用户也可以使用 dmesg 命令直接查看内核自建信息。

（4）/var/log/btmp：记录错误登录的日志。该文件是二进制文件，不能直接用 vi 编辑器查看，而要使用 lastb 命令查看。

（5）/var/log/lastlog：记录系统中所有用户最后一次的登录时间的日志。该文件也是二进制文件，不能直接用 vi 编辑器查看，而要使用 lastlog 命令查看。

（6）/var/log/mailog：记录邮件信息。

（7）/var/log/message：记录系统重要信息的日志。该日志文件中会记录 Linux 系统的绝大多数重要信息，如果系统出现问题时，首先要检查的就应该是该日志文件。

（8）/var/log/secure：记录验证和授权方面的信息，只要涉及账户和密码的程序都会记录。比如系统的登录、SSH 的登录、su 切换用户、sudo 授权，甚至添加用户和修改用户密码都会记录在这个日志文件中。

（9）/var/log/wtmp：永久记录所有用户的登录、注销信息，同时记录系统的启动、重启、关机事件。同样该文件也是一个二进制文件，不能直接用 vi 编辑器查看，而需要使用 last 命令来查看。

（10）/var/run/utmp：记录当前已经登录的用户的信息。该文件会随着用户的登录和注销而不断变化，只记录当前登录用户的信息。同样这个文件不能直接用 vi 编辑器查看，而要使用 w、who、users 等命令来查询。

说明：/var/log/btmp、/var/log/lastlog、/var/log/wtmp、/var/run/utmp 这 4 个文件不能直接使用 vi 编辑器查看，只能通过指定命令查看。

默认 rsyslogd 已经启动，可以使用以下命令查看状态：

```
[root@localhost log]# systemctl status rsyslog
rsyslog.service - System Logging Service
     Loaded: loaded (/usr/lib/systemd/system/rsyslog.service; enabled; vendor preset: enabled)
     Active: active (running) since Fri 2024-08-02 14:30:40 CST; 39min ago
...
```

rsyslogd 的配置文件一般在/etc/rsyslog.conf 中。该文件依然遵循其他配置文件的规则，比如"#"是注释，可以通过 vi rsyslog.conf 命令查看：

```
[root@localhost log]#    cat /etc/rsyslog.conf
# rsyslog configuration file
...
```

查看/var/log/btmp：

```
[root@localhost log]# lastb
btmp begins Fri Aug  2 11:18:01 2024
```

查看/var/log/lastlog：

```
[root@localhost log]#lastlog
Username         Port     From                    Latest
root             pts/0    192.168.10.244          五  8月   2 11:09:45 +0800 2024
bin                                               **从未登录过**
...
```

查看 /var/log/wtmp：

```
[root@localhost log]# last
root     pts/0          192.168.10.244      Fri Aug  2 11:09    still logged in
root     pts/0          192.168.10.244      Fri Aug  2 10:39 - 11:09  (00:29)
root     tty1                               Fri Aug  2 10:38    still logged in
reboot   system boot    5.10.0-60.18.0.5    Fri Aug  2 10:36    still running
...
```

默认情况下，文件的日志信息会通过 logrotate 日志管理工具定期清理。logrotate 日志管理工具比较特殊，安装即可用，系统默认安装完成，并且该程序安装后不用开启服务，修改后写到配置文件中会自动执行。

logrotate 日志管理工具的配置文件是/etc/logrotate.conf，此处是 logrotate 日志管理工具的缺省设置，通常不需要对它进行修改。日志文件的轮循压缩等设置存放在独立的配置文件中，放在/etc/logrotate.d/目录下，它会覆盖缺省设置。

2．其他日志

除了系统默认的日志之外，采用 RPM 方式安装的系统服务也会默认把日志记录在/var/log/目录中（源码包安装的服务日志是在源码包指定目录中）。不过这些日志不是由 rsysylogd 服务来记录和管理的，而是各个服务使用自己的日志管理文档来记录自身日志。各文件含义如下：
（1）/var/log/httpd/：RPM 包安装的 apache 服务的默认日志目录。
（2）/var/log/mail/：RPM 包安装的邮件服务的额外日志目录。
（3）/var/log/samba/：RPM 包安装的 samba 服务的日志目录。
（4）/var/log/sssd/：守护进程安全服务目录。

练 习 题

创建一个计划任务，在周一到周五的凌晨 1 点到 2 点，每隔 5 分钟记录一下当前系统时间到/mnt/test.txt 文件中。

实验 21 网络及系统服务管理

21.1 实 验 内 容

21.1.1 实验目的

掌握 openEuler 主机名管理、网络管理及系统服务的配置。

21.1.2 实验环境

（1）打开 VirtualBox。
（2）启动 openEuler 虚拟机。
（3）使用 PuTTY 远程登录 openEuler 虚拟机

21.1.3 实验要求

掌握 openEuler 的主机名管理 hostname 命令，网络管理 ping、dig、nslookup、netstat、ip 等命令的操作，掌握防火墙的配置及系统服务 systemctl 命令的使用。

21.2 网络管理实验指导

21.2.1 主机名管理

执行如下命令查看主机名：

```
[root@localhost ~]#hostname
openEuler
[root@localhost ~]#cat /etc/hostname          #该文件是主机名的配置文件
openEuler
```

执行如下命令临时修改主机名：

```
[root@localhost ~]#hostname huawei            #临时修改主机名，重启失效
[root@localhost ~]#hostname
huawei
[root@localhost ~]#bash                       #重新启动一个会话
[root@huawei ~]#                              #可以看到前面的提示符里，主机名已经变成了 huawei
[root@huawei ~]# exit
exit
[root@openEuler ~]#
```

执行如下步骤永久修改主机名。

方法一:
[root@localhost ~]#hostnamectl set-hostname huawei   #此种方法不需要重启，重新登录即可
方法二:
[root@localhost ~]#vim /etc/hostname
#修改此文件中主机名，保存退出即可，需要重启才可以生效
[root@localhost ~]#reboot

21.2.2 网络管理

1. ping 命令

无论是 Linux，还是 Windows 都提供 ping 命令，这一个非常常用的网络命令。ping 命令通过互联网控制消息协议（Internet Control Message Protocol，ICMP）测试本机与目标主机是否联通、联通速度如何、稳定性如何。

如可以用 ping 命令检查网络是否畅通，连接百度（域名或 IP）试试：

[root@localhost ~]# ping www.baidu.com   #183.2.172.42
PING www.a.shifen.com (183.2.172.42) 56(84) 字节的数据。
64 字节，来自 183.2.172.42 (183.2.172.42): icmp_seq=1 ttl=52 时间=99.3 毫秒
^C
--- www.a.shifen.com ping 统计 ---
已发送 3 个包，已接收 3 个包，0% packet loss, time 2004ms
rtt min/avg/max/mdev = 99.337/119.709/142.165/17.546 ms

2. arp 命令

地址解析协议（Address Resolution Protocol，ARP）是一个在网络设备之间转换 IP 地址和 MAC 地址的网络层协议。在 Linux 系统中，arp 命令主要用于查看和修改本地系统上的 ARP 缓存。ARP 缓存存储了最近获取的 IP 地址到 MAC 地址的映射关系，有助于加快数据包的传输速度，因为它减少了需要进行 ARP 请求的次数。

查看 ARP 缓存表中的所有条目：

[root@localhost ~]# arp -a
_gateway (192.168.10.1) at 18:d9:8f:fd:ce:1f [ether] on enp0s3
? (192.168.10.244) at d8:c0:a6:80:1a:fb [ether] on enp0s3
[root@localhost ~]#

查看 ARP 缓存表中的详细信息：

[root@localhost ~]# arp -v
Address   HWtype   HWaddress   Flags Mask   Iface
_gateway   ether   18:d9:8f:fd:ce:1f   C   enp0s3
192.168.10.244   ether   d8:c0:a6:80:1a:fb   C   enp0s3
Entries: 2   Skipped: 0   Found: 2

3. dig 命令

dig 命令是一个专业级的域名系统（Domain Name System，DNS）查询工具，提供对 DNS 解析过程的深度诊断能力。它支持灵活配置查询类型（如 A、MX、TXT 等）、指定目标 DNS 服务器、跟踪递归查询路径，并输出详细的响应信息（包括 TTL、权威服务器、响应状态等），是网络管理员排查 DNS 问题的核心工具。

查询 baidu.com 的 A 记录：

```
[root@localhost ~]# dig baidu.com
; <<>> DiG 9.16.23 <<>> baidu.com
...
baidu.com.              7       IN      A       110.242.68.66
baidu.com.              7       IN      A       39.156.66.10
...
[root@localhost ~]#
```

以短格式输入 A 记录：

```
[root@localhost ~]# dig +short baidu.com A
39.156.66.10
110.242.68.66
[root@localhost ~]#
```

进行反向 DNS 查询：

```
[root@localhost ~]# dig -x 114.114.114.114
; <<>> DiG 9.16.23 <<>> -x 114.114.114.114
...
114.114.114.114.in-addr.arpa. 406 IN    PTR     public1.114dns.com.
...
[root@localhost ~]#
```

4. host 命令

host 命令是一款用于查询主机相关信息的命令。它可以用来查询主机的 IP 地址、域名的 IP 地址，反向查询 IP 地址对应的域名等。

查询百度域名的 IP 地址：

```
[root@localhost ~]# host www.baidu.com
www.baidu.com is an alias for www.a.shifen.com.
www.a.shifen.com has address 183.2.172.185
www.a.shifen.com has address 183.2.172.42
www.a.shifen.com has IPv6 address 240e:ff:e020:9ae:0:ff:b014:8e8b
www.a.shifen.com has IPv6 address 240e:ff:e020:966:0:ff:b042:f296
```

查询 114.114.114.114 对应的域名：

```
[root@localhost ~]# host 114.114.114.114
114.114.114.114.in-addr.arpa domain name pointer public1.114dns.com.
```

5. nslookup 命令

nslookup 是用于查询 DNS 信息的命令行工具，通常用于解析域名并查找与之相关联的 IP 地址。nslookup 有两种模式：交互式和非交互式。

查看一个域名的域名服务器（Name Server，NS）记录：

```
[root@localhost ~]# nslookup -q=NS www.baidu.com
Server:         192.168.10.1
Address:        192.168.10.1#53
Non-authoritative answer:
www.baidu.com   canonical name = www.a.shifen.com.
Authoritative answers can be found from:
```

查询指定域名的 IP 地址：

[root@localhost ~]# nslookup www.baidu.com
Server: 192.168.10.1
Address: 192.168.10.1#53
Non-authoritative answer:
www.baidu.com   canonical name = www.a.shifen.com.
Name: www.a.shifen.com
Address: 183.2.172.185
Name: www.a.shifen.com
Address: 183.2.172.42
Name: www.a.shifen.com
Address: 240e:ff:e020:9ae:0:ff:b014:8e8b
Name: www.a.shifen.com
Address: 240e:ff:e020:966:0:ff:b042:f296

指定域名服务器为 114.114.114.114，查询 baidu.com 域名 IP。命令格式为 nslookup -server=<DNS 服务器地址> <域名>，如下所示：

[root@localhost ~]# nslookup -server=114.114.114.114 baidu.com
*** Invalid option: server=114.114.114.114
Server: 192.168.10.1
Address: 192.168.10.1#53

Non-authoritative answer:
Name: baidu.com
Address: 39.156.66.10
Name: baidu.com
Address: 110.242.68.66

还可以用交互方式查询，方法类似。

6．netstat 命令

netstat 命令用于显示各种网络相关信息，如网络连接、路由表、接口状态。使用该命令需要先安装 net-tools 软件包，安装命令如下：

[root@localhost ~]#yum install net-tools

列出所有端口，包括监听和未监听的端口：

[root@localhost ~]# netstat -a
Active Internet connections (servers and established)
Proto Recv-Q Send-Q Local Address   Foreign Address   State
tcp   0   0 0.0.0.0:sunrpc   0.0.0.0:*   LISTEN
tcp   0   0 0.0.0.0:ftp   0.0.0.0:*   LISTEN
tcp   0   0 0.0.0.0:ssh   0.0.0.0:*   LISTEN
tcp   0   64 192.168.2.97:ssh   192.168.2.96:57172   ESTABLISHED
…

列出所有 tcp 端口 netstat -at，列出所有 udp 端口 netstat -au，显示监听端口 netstat -l：

[root@localhost ~]# netstat -at
Active Internet connections (servers and established)

Proto	Recv-Q	Send-Q Local Address	Foreign Address	State
tcp	0	0 0.0.0.0:sunrpc	0.0.0.0:*	LISTEN
tcp	0	0 0.0.0.0:ftp	0.0.0.0:*	LISTEN
tcp	0	0 0.0.0.0:ssh	0.0.0.0:*	LISTEN
tcp	0	256 192.168.2.97:ssh	192.168.2.96:57172	ESTABLISHED
tcp6	0	0 [::]:sunrpc	[::]:*	LISTEN
tcp6	0	0 [::]:ssh	[::]:*	LISTEN

[root@localhost ~]#

7. ip 命令

显示当前网络接口信息时，可以使用 ip addr show、ip addr 或简写 ip a 命令：

[root@localhost ~]#ip addr show

[root@localhost ~]# ip addr

1: lo: <LOOPBACK,UP,LOWER_UP> mtu 65536 qdisc noqueue state UNKNOWN group default qlen 1000

...

    inet 192.168.10.60/24 brd 192.168.10.255 scope global dynamic noprefixroute enp0s3
        valid_lft 85298sec preferred_lft 85298sec
    inet6 fe80::83a:43e:2530:efe9/64 scope link noprefixroute

显示网络设备运行状态：

[root@localhost ~]#ip link list

1: lo: <LOOPBACK,UP,LOWER_UP> mtu 65536 qdisc noqueue state UNKNOWN mode DEFAULT group default qlen 1000

    link/loopback 00:00:00:00:00:00 brd 00:00:00:00:00:00

2: enp0s3: <BROADCAST,MULTICAST,UP,LOWER_UP> mtu 1500 qdisc fq_codel state UP mode DEFAULT group default qlen 1000

    link/ether 08:00:27:fa:6f:58 brd ff:ff:ff:ff:ff:ff

显示详细设备信息：

[root@localhost ~]# ip -stats link list

1: lo: <LOOPBACK,UP,LOWER_UP> mtu 65536 qdisc noqueue state UNKNOWN mode DEFAULT group default qlen 1000

...

2: enp0s3: <BROADCAST,MULTICAST,UP,LOWER_UP> mtu 1500 qdisc fq_codel state UP mode DEFAULT group default qlen 1000

    link/ether 08:00:27:fa:6f:58 brd ff:ff:ff:ff:ff:ff
    RX: bytes packets errors dropped missed mcast
           147075 1514   0   0   0   0
    TX: bytes packets errors dropped carrier collsns
           149891 1394   0   0   0   0

[root@localhost ~]#

查看路由表：

[root@localhost ~]# ip route show

default via 192.168.10.1 dev enp0s3 proto dhcp metric 100

192.168.10.0/24 dev enp0s3 proto kernel scope link src 192.168.10.60 metric 100

查看 ARP 缓存：

[root@localhost ~]# ip neighbour list

192.168.10.244 dev enp0s3 lladdr d8:c0:a6:80:1a:fb DELAY
192.168.10.1 dev enp0s3 lladdr 18:d9:8f:fd:ce:1f STALE

使用 ip link set <interface> up/down 命令启用或停止网卡：

[root@localhost ~]# ip link set lo down
[root@localhost ~]# ip link list
[root@localhost ~]# ip link set lo up
[root@localhost ~]# ip link list

新增网卡地址：

[root@localhost ~]# ip addr add 192.168.10.10/24 dev enp0s3
[root@localhost ~]# ip addr
[root@localhost ~]#

删除 IP 地址：

[root@localhost ~]#ip addr del 192.168.10.10/24 dev enp0s3
[root@localhost ~]#ip addr show
[root@localhost ~]# ip addr del 192.168.10.10/24 dev enp0s3
[root@localhost ~]# ip addr
[root@localhost ~]#

执行如下命令配置静态路由：

[root@localhost ~]# ip route
[root@localhost ~]#

新增路由表：

[root@localhost ~]#ip route add 192.168.2.1 via 192.168.10.60 dev enp0s3
[root@localhost ~]# ip route
[root@localhost ~]#

删除路由表条目：

[root@localhost ~]# ip route del 192.168.2.1 via 192.168.10.60 dev enp0s3
[root@localhost ~]# ip route
[root@localhost ~]#

使用 route 命令查询网关：

[root@localhost ~]# route -n
Kernel IP routing table

Destination	Gateway	Genmask	Flags	Metric	Ref	Use	Iface
0.0.0.0	192.168.10.1	0.0.0.0	UG	100	0	0	enp0s3
192.168.10.0	0.0.0.0	255.255.255.0	U	100	0	0	enp0s3

[root@localhost ~]#

8．设置和修改 IP

使用 ifconfig 命令修改 IP 地址，该命令包含在 net-tools 软件包中：

[root@localhost ~]# ifconfig enp0s3 192.168.10.10 netmask 255.255.255.0 up

最新版本中推荐使用 ip 命令：

[root@localhost ~]#ip addr add 192.168.10.10/24 dev enp0s3
[root@localhost ~]#ip link set dev enp0s3 up

以上两种方法修改如果是 PuTTY 连接，将导致连接中断。使用 ifconfig、ip addr 命令修改 IP 地址是一种临时修改方式，在重启系统后，修改的设置将失效。如果想永久修改，可以通过修改/etc/sysconfig/network-scripts/ifcfg-enp0s3 配置文件来设置。

目前所有的 Linux 系统配置网卡等信息，均已经推行 NetworkManager 服务进行管理。nmcli 是 NetworkManager 的命令行工具，其中 nm 代表 NetworkManager，cli 代表 Command-Line 命令行。

nmcli networking 或 nmcli n 命令用于显示 NetworkManager 是否接管网络：

```
[root@localhost ~]# nmcli networking
enabled
[root@localhost ~]#
```

nmcli networking connectivity 或 nmcli n c 命令用于查看网络连接状态，full 表示联网，none 表示没网：

```
[root@localhost ~]# nmcli networking connectivity
full
[root@localhost ~]#
```

nmcli n on/off 命令用于打开或关闭网络连接：

```
[root@localhost ~]# nmcli n on
[root@localhost ~]#nmcli n off
```

如果执行关闭网络连接，PuTTY 将断开连接。

网络关闭后网络设备显示为 DEVICE：--，打开后显示为 enp0s3：

```
[root@localhost ~]# nmcli c
NAME     UUID                                  TYPE      DEVICE
enp0s3   62769835-2544-42c6-a52a-355954ab513f  ethernet  --
[root@localhost ~]# nmcli c
NAME     UUID                                  TYPE      DEVICE
enp0s3   62769835-2544-42c6-a52a-355954ab513f  ethernet  enp0s3
[root@localhost ~]#
```

还可使用 nmcli general 命令来进行查看和设置。

nmcli general status 或者 nmcli g s 命令可以显示系统网络状态：

```
[root@localhost ~]# nmcli general status
STATE     CONNECTIVITY  WIFI-HW  WIFI   WWAN-HW  WWAN
已连接    完全          已启用   已启用 已启用   已启用
[root@localhost ~]#
```

显示或修改主机名可使用 nmcli general hostname 或 nmcli g h 命令，修改后的主机名保存在/etc/hostname 下，需要重新启动后生效：

```
[root@localhost ~]# nmcli general hostname openeuler
[root@localhost ~]# cat /etc/hostname
openeuler
[root@localhost ~]#
```

使用 nmcli connection 命令来修改主机 IP 地址。

使用 nmcli connection show 或 nmcli c s 命令来显示网络连接或 nmcli c s -a 命令显示当前

启动的连接：

```
[root@localhost ~]# nmcli connection show
NAME    UUID                                  TYPE      DEVICE
enp0s3  62769835-2544-42c6-a52a-355954ab513f  ethernet  enp0s3
[root@localhost ~]#
```

显示网卡配置的详细信息，可以将输出信息重定向到 enp0s3.txt 文件中：

```
[root@localhost ~]#nmcli c s enp0s3>enp0s3.txt
[root@localhost~]#nmcli connmection dowm enp0s3
[root@localhost : ~]# nmcli c
[root@localhost ~]# nmcli connmection up enp0s3
[root@localhost ~]# nmcli c
[root@localhost ~]#
```

使用 nmcli connection modify(nmcli c m)[设备名] [+][-] [选项] [选项值]命令进行如下修改。

修改 IP 地址和子网掩码：

```
[root@localhost ~]#nmcli c m enp0s3 ipv4.address 192.168.10.10/24
```

修改 method 前，要先修改 address：

```
[root@localhost ~]# nmcli c m enp0s3 ipv4.method manual
```

设置默认网关：

```
[root@localhost ~]#nmcli c m enp0s3 ipv4.gateway 192.168.10.1
```

设置 DNS：

```
[root@localhost ~]#nmcli c m enp0s3 ipv4.dns 192.168.10.1
[root@localhost ~]#nmcli c m enp0s3 +ipv4.dns 114.114.144.114
```

设置开机启动：

```
[root@localhost ~]#nmcli c m enp0s3 connection.autoconnect yes
```

然后重新启动即可。

还可以通过修改 ifcfg 文件修改主机 IP 地址：

```
[root@localhost ~]#cat /etc/sysconfig/network-scripts/ifcfg-enp0s3
TYPE=Ethernet                                   #配置文件接口类型
PROXY_METHOD=none                               #代理方式
BROWSER_ONLY=no                                 #只浏览
BOOTPROTO=none                                  #系统启动地址协议
DEFROUTE=yes                                    #默认路由
IPV4_FAILURE_FATAL=no                           #是否一定要进行 IPv4 检查
IPV6INIT=yes                                    #是否执行 IPv6
IPV6_AUTOCONF=yes                               #IPv6 自动配置
IPV6_DEFROUTE=yes                               #IPv6 默认路由
IPV6_FAILURE_FATAL=no                           #是否一定要进行 IPv6 检查
IPV6_ADDR_GEN_MODE=stable-privacy               #IPv6 地址生成方式
NAME=enp0s3                                     #网络连接的名字
UUID=62769835-2544-42c6-a52a-355954ab513f       #设备 UUID
DEVICE=enp0s3                                   #物理设备的名字
ONBOOT=yes                                      #随系统启动
```

```
#修改以下信息即可
IPADDR=192.168.10.10
PREFIX=24
GATEWAY=192.168.10.1
DNS1=192.168.10.1
DNS2=114.114.114.114
```

可以重启或用以下命令让修改生效:

```
[root@localhost ~]#ifdown enp0s3
[root@localhost ~]#ifup enp0s3
```

执行如下命令修改/etc/resolv.conf,该文件的格式是 nameserver IP,IP 地址为 DNS 服务器 IP,用来指向 DNS 服务器地址:

```
[root@localhost ~]#dnf -y install bind-utils
[root@localhost ~]#vi /etc/resolv.conf
[root@localhost ~]# vi /etc/resolv.conf
# Generated by NetworkManager
nameserver 192.168.10.1
nameserver 114.114.114.114
[root@localhost etc]#
```

21.2.3 防火墙管理

1. firewalld 配置

查看防火墙状态:

```
[root@localhost ~]# systemctl status firewalld
[root@localhost ~]# iptables -L
Chain INPUT (policy ACCEPT)
target     prot opt source               destination

Chain FORWARD (policy ACCEPT)
target     prot opt source               destination

Chain OUTPUT (policy ACCEPT)
target     prot opt source               destination
[root@localhost ~]#
```

iptables 默认的规则链如下:

(1) INPUT 链:处理入站数据包。

(2) OUTPUT 链:处理出站数据包。

(3) FORWARD 链:处理转发数据包。

(4) POSTROUTING 链:在进行路由选择后处理数据包。

(5) PREROUTING 链:在进行路由选择前处理数据包。

使用 systemctl start firewalld 命令启动防火墙:

```
[root@localhost ~]#systemctl start firewalld.service        #启动防火墙服务
[root@localhost ~]#firewall-cmd --version                   #查看防火墙 firewalld 版本 1.0.2
```

```
[root@localhost ~]#firewall-cmd --help                          #查看帮助
[root@localhost ~]#firewall-cmd --state                         #查看运行状态
```

查看防火墙配置信息：

```
[root@localhost ~]# firewall-cmd --list-all
```

配置防火墙放通规则：

```
[root@localhost ~]#firewall-cmd --panic-on                                      #拒绝所有包
[root@localhost ~]#firewall-cmd --panic-off                                     #取消拒绝所有包
[root@localhost ~]#firewall-cmd --query-panic                                   #查看是否拒绝
[root@localhost ~]#firewall-cmd --reload                                        #更新防火墙规则，无须断开
[root@localhost ~]#firewall-cmd --zone=public --add-interface=enp0s3            #将网口添加到区域，默认都在public
[root@localhost ~]#firewall-cmd --set-default-zone=public                       #设置默认接口区域
[root@localhost ~]#firewall-cmd --zone=public --list-ports                      #查看所有打开的端口
[root@localhost ~]#firewall-cmd --zone=public --add-port=8080/tcp --permanent   #永久打开tcp 8080端口
[root@localhost ~]#firewall-cmd --zone=public --add-service=http                #打开一个服务
[root@localhost ~]#systemctl restart firewalld.service
[root@localhost ~]#firewall-cmd --list-all
[root@localhost ~]#
```

如果使用 firewall-cmd 命令更新防火墙规则来阻止 ICMP，可以用以下命令添加一个新的规则，阻止其他主机 ICMP 流量的进入，但允许该主机 ICMP 出站，设置好重新加载防火墙以应用更改：

```
[root@localhost ~]#firewall-cmd --permanent --add-icmp-block=echo-request
[root@localhost ~]#firewall-cmd --reload
```

现在，任何 ping 该服务器的尝试都会被阻止。

2．iptables 配置

iptables 可以用于设置和管理 Linux 操作系统的内核级防火墙，它由表、链和规则组成，可以灵活地根据不同的需求进行配置。

（1）iptables 具有以下特点：

（2）iptables 作为内核级别的防火墙，具有高效、稳定、安全等优点。

（3）iptables 的表、链、规则结构非常灵活，可适应各种不同的网络环境和应用场景。
iptables 相对于其他防火墙工具而言比较容易学习和掌握，并且拓展性非常强。

firewalld 防火墙设置：

```
# 停止 firewalld
[root@localhost ~]#systemctl stop firewalld
# 禁用 firewalld
[root@localhost ~]#systemctl disable firewalld
[root@localhost ~]#
```

安装 iptables，安装 iptables-services，并设置 iptables 开机启动：

```
[root@localhost ~]#yum -y install iptables
[root@localhost ~]#yum -y install iptables-services
[root@localhost ~]#systemctl enable iptables
```

举一个配置实例，SSH 端口默认为 22，配置除 22 号端口对指定的 IP 开放外，阻止所有进入流量的方法。

先自定义一个链 BLOCK_IN，新增规则：22 号端口 ACCEPT，其余端口 DROP，如下：

[root@localhost ~]#iptables -N BLOCK_IN
[root@localhost ~]#iptables -A BLOCK_IN -p tcp -s 192.168.10.244 --dport 22 -j ACCEPT
[root@localhost ~]#iptables -A BLOCK_IN -p icmp --icmp-type echo-request -j DROP
[root@localhost ~]#iptables -A BLOCK_IN -j DROP

再从 INPUT 链的首部新增一条规则：从网卡 enp0s3 进来的流量跳转到自定义链 BLOCK_IN（注意此处把 enp0s3 替换成用户机器的网卡名），如下：

[root@localhost ~]#iptables -I INPUT -i enp0s3 -j BLOCK_IN

保存防火墙规则：

[root@localhost ~]#service iptables save
iptables: Saving firewall rules to /etc/sysconfig/iptables: [OK]
[root@localhost ~]#

查看 iptables 的规则，并显示规则的序号：

```
[root@localhost ~]# iptables -L --line-numbers
Chain INPUT (policy ACCEPT)
num  target     prot opt source           destination
1    BLOCK_IN   all  --  anywhere         anywhere

Chain FORWARD (policy ACCEPT)
num  target     prot opt source           destination

Chain OUTPUT (policy ACCEPT)
num  target     prot opt source           destination

Chain BLOCK_IN (1 references)
num  target     prot opt source           destination
1    ACCEPT     tcp  --  192.168.10.244   anywhere         tcp dpt:ssh
2    DROP       icmp --  anywhere         anywhere         icmp echo-request
3    DROP       all  --  anywhere         anywhere
[root@localhost ~]#
```

在另一台机器上测试时，ping 主机超时，但 SSH 可以连接成功，说明修改生效。使用 iptables -L BLOCK_IN -v -x 命令查看接收和丢弃的流量计数：

```
[root@localhost ~]# iptables -L BLOCK_IN -v -x
Chain BLOCK_IN (1 references)
pkts    bytes target    prot opt in   out   source           destination
585    46309 ACCEPT    tcp  --  any  any   192.168.10.244   anywhere    tcp dpt:ssh
 65     4884 DROP      icmp --  any  any   anywhere         anywhere    icmp echo-request
 38     3371 DROP      all  --  any  any   anywhere         anywhere
[root@localhost ~]#
```

删除 BLOCK_IN 中第 2 条规则，并在原第 3 条规则前插入允许 ping 规则：

[root@localhost ~]#iptables -D BLOCK_IN 2
[root@localhost ~]# iptables -I BLOCK_IN 2 -p icmp --icmp-type echo-request -j ACCEPT
[root@localhost ~]# iptables -L --line-numbers

```
Chain INPUT (policy ACCEPT)
num   target       prot opt source              destination
1     BLOCK_IN     all  --  anywhere            anywhere

Chain FORWARD (policy ACCEPT)
num   target       prot opt source              destination

Chain OUTPUT (policy ACCEPT)
num   target       prot opt source              destination

Chain BLOCK_IN (1 references)
num   target       prot opt source              destination
1     ACCEPT       tcp  --  192.168.10.244      anywhere         tcp dpt:ssh
2     ACCEPT       icmp --  anywhere            anywhere         icmp echo-request
3     DROP         all  --  anywhere            anywhere
[root@localhost ~]#
```

在另一台机器上测试时，ping 该主机正常，再测试 SSH 可以连接成功。在其他机器测试时，仅 ping 主机正常，但 SSH 连接失败，说明达到目的，测试通过。

另外还可以通过 iptables-save 命令保存规则，通过 iptables-restore 命令恢复规则。具体设置请自行测试。

21.3 系统服务实验指导

21.3.1 查看系统服务

显示当前服务：

```
[root@localhost ~]# systemctl list-units --type service
[root@localhost ~]# systemctl list-units --type service
  UNIT              LOAD     ACTIVE    SUB       D>
  auditd.service    loaded   active    running   S>
  crond.service     loaded   active    running   C>
  dbus.service      loaded   active    running   D>
[root@localhost ~]#
```

显示服务状态，如防火墙 iptables 或者 firewalld 服务：

```
[root@localhost ~]#systemctl status iptables
[root@localhost ~]#systemctl status firewalld
```

查看服务是否运行：

```
[root@localhost ~]# systemctl is-active firewalld
[root@localhost ~]# systemctl is-active iptables
```

查看服务是否被启用：

```
[root@localhost ~]# systemctl is-enabled firewalld
[root@localhost ~]# systemctl is-enabled iptables
```

21.3.2 管理系统服务

终止服务，如防火墙服务：
[root@localhost ~]#systemctl stop iptables
[root@localhost ~]#systemctl is-active iptables

重启服务，如防火墙服务：
[root@localhost ~]#systemctl restart iptables
[root@localhost ~]#systemctl is-active iptables

禁用服务，如防火墙服务：
[root@localhost ~]# systemctl disable iptables
Removed /etc/systemd/system/basic.target.wants/iptables.service.
[root@localhost ~]# systemctl is-enabled iptables

设置开机启用服务，如防火墙服务：
[root@localhost ~]# systemctl enable iptables
[root@localhost ~]# systemctl is-enabled iptables

练 习 题

1. 如何查看防火墙的状态？
2. 如何关闭防火墙？
3. 如何打开防火墙？
4. 如何对 firewalld 防火墙进行规则设置？

实验 22 shell 脚本语言

22.1 实验内容

22.1.1 实验目的

（1）掌握全局变量及局部变量。
（2）掌握位置化参数使用。
（3）掌握 shell 中的特殊字符。
（4）掌握常用的 shell 语句。

22.1.2 实验环境

（1）打开 VirtualBox。
（2）启动 openEuler 虚拟机。
（3）使用 PuTTY 远程登录 openEuler 虚拟机。

22.1.3 实验要求

要求掌握 shell 脚本定量定义、条件判断与循环结构的使用，实现在系统自动运维，如定时进行备份时，利用 shell 脚本批量创建、删除用户等基本操作。

22.2 实验指导

22.2.1 shell 变量

1. 用户变量的定义

shell 支持设置自定义局部变量，可利用 echo 命令行工具显示变量值，变量名要区分大小写：

```
[root@localhost ~]#tmp=/usr/tmp/
[root@localhost ~]#echo $tmp
/usr/tmp/
[root@localhost ~]#today=Thursday
[root@localhost ~]#echo $todayThursday
[root@localhost ~]#echo $Today
```

因为 Today 变化不存在，所以无回显：

```
[root@localhost ~]# str="Spring Festival"
[root@localhost ~]# echo "I wish you a happy $str and the whole family!"
I wish you a happy Spring Festival and the whole family!
```

read 是 shell 内置命令，作为交互式输入手段，可以利用 read 命令从标准输入（即键盘）读取数据，然后赋给指定的变量。其一般格式为 read [变量 1] [变量 2...]，如下：

```
[root@localhost ~]# read name
openEuler
[root@localhost ~]# echo $name
openEuler
```

定义 OS、Database 变量：

```
[root@localhost ~]#read OS Database
openEuler openGuss
[root@localhost ~]#echo $OS
openEuler
[root@localhost ~]#echo $Database
openGuss
```

.bash_profile 是用户独享的配置文件，执行如下步骤，配置用户变量。在文件的最后新增一行，修改完成后保存并退出：

```
[root@localhost ~]#vi .bash_profile
OS=Linux
```

未更新变量文件时，OS 值未发生变化：

```
[root@localhost ~]#echo $OS
openEuler
[root@localhost ~]#source .bash_profile      #更新变量文件后，OS 值发生变化
[root@localhost ~]#echo $OS
Linux
```

打开一个新的 bash，显示 OS 变量未定义：

```
[root@localhost ~]#bash
[root@localhost ~]#echo $OS
[root@localhost ~]#exit          #退出新打开的 shell
```

以登录的方式切换用户，此时会自动读取".bash_profile"文件：

```
[root@localhost ~]#su - root
[root@localhost ~]#echo $OS
Linux
[root@localhost ~]#exit          #退出当前的登录 shell
```

设置所有用户共享变量，需要配置/etc/profile，它是系统的配置文件。执行如下步骤，配置系统环境变量。在文件最后新增一行，输入如下信息，保存并退出：

```
[root@localhost ~]#vi /etc/profile
Database=MySQL
[root@localhost ~]#echo $Database             #变量未更新
openGuss
[root@localhost ~]#source /etc/profile        #更新变量
[root@localhost ~]#echo $Database
MySQL                                         #变量值发生了变化
[root@localhost ~]#bash                       #打开一个新的 bash
[root@localhost ~]#echo $Database             #Database 变量未定义
[root@localhost ~]#exit                       #退出新打开的 shell
```

以登录的方式切换用户，此时会自动读取".bash_profile"文件，Database 变量值生效：

[root@localhost ~]#su - root
[root@localhost ~]#echo $Database
[root@localhost ~]#su - user01
[user01@openEuler ~]$ echo $Database
Database
[user01@openEuler ~]$ exit
注销

2．位置参数

在/root 目录下新建三个文件 m1.c、m2.c、ex1.sh，源程序 m1.c 内容如下：

main( )
{printf("Begin \n");}

源程序 m2.c 内容如下：

include < stdio.h >
{printf("OK! \n");}

ex1.sh 内容如下：

#!/bin/bash
ex1.sh: shell script to combine files and count lines
cat $1 $2 $3 $4 $5 $6 $7 $8 $9 | wc -l
end

赋予 ex1.sh 文件用户的执行权限，执行脚本 ex1.sh，功能为统计 ex1.sh、m1.c 和 m2.c 一共多少行，如下：

[root@localhost ~]#chmod u+x ex1.sh
[root@localhost ~]#sh ex1.sh m1.c m2.c
8

22.2.2　shell 中的特殊字符

新建脚本 ex2.sh，写入如下内容：

#!/bin/bash
echo "current directory is`pwd`"
echo "home directory is $HOME"

执行脚本 ex2.sh：

[root@localhost ~]#chmod u+x ex2.sh
[root@localhost ~]#sh ex2.sh
current directory is 'pwd'
home directory is /root

其他特殊变量如表 22-1 所示。

表 22-1　特殊变量

变量	含义
$0	当前脚本的文件名
$n	传给脚本或函数的参数。n 是一个数字，表示第几个参数。例如，第一个参数是$1，第二个参数是$2

续表

变量	含义
$#	传递给脚本或函数的参数个数
$*	传递给脚本或函数的所有参数
$@	传递给脚本或函数的所有参数。被双引号（" "）包含时，与$*稍有不同
$?	上个命令的退出状态，或函数的返回值
$$	当前 shell 进程 ID。对于 shell 脚本，即为这些脚本所在的进程 ID

22.2.3 条件判断与循环结构

1．if 语句

if 语句的语法格式有两种：

（1）单分支结构："if 条件 ; then 结果; fi"。

（2）双分支结构："if 条件 ; then 结果; else 结果; fi"。

新建脚本 ex3.sh，写入如下内容：

```
#!/bin/bash
a=3
b=$1
if [ $a == $b ]
then
      echo "You win!"
else
      echo "Please guess again."
fi
```

执行脚本 ex3.sh：

```
[root@localhost ~]#chmod u+x ex3.sh
[root@localhost ~]#sh ./ex3.sh 3
You win!
[root@localhost ~]#./ex3.sh 4
Please guess again.
```

2．测试语句

新建脚本 ex4.sh，写入如下内容：

```
#!/bin/bash
echo "Please enter your filename:"
read filename
if [ -f "$filename" ]              #如果是文件，则显示文件内容
then cat $filename
elif [ -d "$filename" ]            #如果是目录，则进入文件，显示位置并列出目录内容
then cd $filename
      pwd
      ls -l -a
else echo "$filename:bad filename" #如果文件或目录不存在，则显示错误信息
fi
```

执行脚本 ex4.sh：

```
[root@localhost ~]#chmod u+x ex4.sh
[root@localhost ~]#mkdir test
[root@localhost ~]#sh ex4.sh
Please enter your filename:
test
/root/test
总用量 8
drwxr-xr-x. 2 root root 4096   8月    8 15:25 .
dr-xr-x---. 5 root root 4096   8月    8 15:25 ..
[root@localhost ~]#sh ex4.sh
Please enter your filename:
ex2.sh
echo "current directory is 'pwd'"
echo "home directory is $HOME"
```

3．while 语句

语法格式："while 条件; do 语句; done"。

说明：条件中，while true 条件可采用上述写法，其他的条件都要用 test 或者 "[]" 来判断。

新建脚本 ex5.sh，写入如下内容：

```
#!/bin/bash
while [ $1 ]
do
        if [ -f $1 ]
        then echo "display:$1"
                cat $1
        else echo "$1 is not a file name"
        fi
        shift
done
```

执行脚本 ex5.sh：

```
[root@localhost ~]# vi ex5.sh
[root@localhost ~]# sh ex5.sh m1.c
display:m1.c
main( )
{
printf("Begin \n");
printf("Hello World\n");
}
[root@localhost ~]# sh ex5.sh test
test is not a file name
[root@localhost ~]#
```

4．for 语句

语地格式："for 变量 in 列表; do 语句; done"。

新建脚本 ex6.sh，计算从 1 加到 100 的和，内容如下：

```
#!/bin/bash
Sum=0
for Num in {1..100};
do
        Sum=$((Sum+Num))
done
echo "The sum of numbers from 1 to 100 is:$Sum"
```

执行脚本 ex6.sh：

```
[root@localhost ~]#sh ex6.sh
The sum of numbers from 1 to 100 is:5050
```

新建一个 namefile 文件，写入如下内容：

```
user1
user2
user3
user4
```

将当前目录内容定向输出到 ls.txt，要求一行显示一个：

```
[root@localhost ~]#ls -1>ls.txt
[root@localhost ~]#ls -1>ls.txt
[root@localhost ~]#cat ls.txt     #显示 ls.txt 的内容
```

新建脚本 ex7.sh，写入如下内容：

```
#!/bin/bash
filename="ls.txt"
for Name in $(cat ./namefile)
do
    if grep -q "$Name" "$filename";then
        echo "$Name 在当前目录中"
    else
        echo "$Name 不在当前目录中"
    fi
done
```

执行脚本 ex7.sh：

```
[root@localhost ~]#sh ex7.sh
ex1.sh 在当前目录中
ex2.sh 在当前目录中
ex3.sh 在当前目录中
ex4.sh 在当前目录中
ex100.sh 不在当前目录中
[root@localhost ~]#
```

5．case 语句

新建脚本 ex8.sh，写入如下内容：

```
#!/bin/bash
echo 'Input a number between 1 to 4'
printf 'Your number is:\n'
```

```
read aNum
case $aNum in
    1)  echo 'You select 1'
    ;;
    2)  echo 'You select 2'
    ;;
    3)  echo 'You select 3'
    ;;
    4)  echo 'You select 4'
    ;;
    *)  echo 'You do not select a number between 1 to 4'
    ;;
esac
```

执行脚本 ex8.sh：

```
[root@localhost ~]#sh ex8.sh
Input a number between 1 to 4
Your number is:
1
You select 1
```

22.2.4 批量创建和删除用户

编写 shell 脚本实现系统自动创建 50 个用户，并设置登录密码。

批量创建用户，新建脚本保存到 adduser.sh，写入如下内容：

```
#!/bin/bash
GroupName="stu"
groupadd ${GroupName}
USERNAME="stu"
i=1
while [ $i -le 50 ]
do

        if [ $i -le 9 ] ;then
                USERNAME=stu0$i
        else
                USERNAME=stu$i
        fi
        useradd -g ${GroupName} ${USERNAME} &>/dev/null
        echo "${USERNAME}" | passwd --stdin ${USERNAME}&>/dev/null
        chgrp -R ${GroupName} /home/${USERNAME}
        i=$(($i+1))
done
```

批量删除用户，新建脚本保存到 deluser.sh，写入如下内容：

```
#!/bin/bash
GroupName="stu"
```

```
USERNAME="stu"
i=1
while [ $i -le 50 ]
do
        if [ $i -le 9 ] ;then
                USERNAME=stu0$i
        else
                USERNAME=stu$i
        fi
        userdel -r ${USERNAME} &>/dev/null
        i=$(($i+1))
done
groupdel ${GroupName}>/dev/null
```

执行 adduser.sh 后可查看是否创建成功,并尝试用账号 stu01,密码为 stu01 能否正常登录:

[root@localhost ~]#sh adduser.sh

[root@localhost ~]#cat /etc/passwd

[root@localhost ~]#cat /etc/group

[root@localhost ~]#ls /home

执行 deluser.sh 后可查看是否删除成功:

[root@localhost ~]#sh deluser.sh

[root@localhost ~]#cat /etc/passwd

[root@localhost ~]#cat /etc/group

[root@localhost ~]#ls /home

练 习 题

1. 编写一个脚本,,该脚本可以判断当前用户是否为 root。
2. 编写一个脚本,该脚本可以判断今天是否为休息日。
3. 编写一个脚本,实现反向输出,要求如下:
 (1) 当用户输入 yes 时,显示 no。
 (2) 当用户输入 no 时,显示 yes。
 (3) 当用户输入其他内容时,提示用户输入 yes/no。
 (4) 忽略大小写。
4. 编写一个脚本,实现新建用户,要求如下:
 (1) 新建一个用户名列表 namefile。
 (2) 新建一个脚本,该脚本能够实现根据 namefile 自动创建用户,且密码随机生成。用户创建后将用户名和密码导入/root/loginname.txt。
 (3) 随机密码生成可以使用 openssl rand -base64 6 命令。
5. 编写一个脚本实现输出机器信息,要求如下:
 (1) 将本机网卡的 IP 地址和 MAC 地址截取出来,输出到/root/nic。

（2）将本机的磁盘使用情况截取出来，输出到/root/disk。
（3）判断系统空间使用的情况，如果根目录（/）使用率大于 30%则删除/tmp 的内容。

6．测试用户是否存在，并判断是否是超级用户。

编写一个脚本：如果指定的用户存在，先说明其已经存在，并显示其 ID 号和 shell，并判断是否是超级用户；否则就创建用户，并显示其 ID 号

7．编写一个脚本备份系统目录或文件，要求如下：

（1）该脚本应当有交互功能。
（2）该脚本用于备份系统目录。
（3）需要给予用户提示，提示用户应当输入目录或者文件名。
（4）判断用户要备份的文件是否存在，如果不存在则告知用户，并输出相应错误。
（5）判断用户要备份的目标目录是否存在，如果该目录不存在，则需要询问用户是否创建；如果该目录已经存在，则需要询问用户是否重命名该目录。

8．编写一个脚本测试 IP 是否可达，要求如下：

（1）根据 iplist.txt 文件中列举的 IP 地址，判断 IP 地址是否可达。
（2）只显示可达的 IP 地址。（不可达则可以使用 >> /dev/null 命令）。

9．编写一个脚本输出名片，要求如下：

（1）交互式输入自己信息，提示信息输入。
（2）输入完成个人信息后，一次性打印出所有个人信息，并要求输出格式美观。

实验 23　MySQL 数据库基础

23.1　实 验 内 容

23.1.1　实验目的

（1）熟悉 MySQL 的安装和配置。
（2）熟练操作 MySQL 客户端。
（3）掌握 MySQL 的安装和配置，操作 MySQL 客户端。

23.1.2　实验环境

（1）打开 VirtualBox。
（2）启动 openEuler 虚拟机。
（3）使用 PuTTY 远程登录 openEuler 虚拟机。

23.1.3　实验要求

（1）安装和配置 MySQL 数据库服务器。
（2）使用交互 MySQL 客户端访问 MySQL 数据库。
（3）MySQL 数据库备份。

23.2　实 验 指 导

23.2.1　MySQL 概述

目前大部分的计算机应用系统都离不开数据库技术及应用。要建立一个精简价廉而且又性能优良的数据库，首选就是 MySQL 数据库了。

MySQL 由瑞典 MySQL AB 公司开发，属于 Oracle 旗下产品，遵从 GNU 通用公共许可协议（GNU General Public License，GPL）开源。MySQL 是最流行的关系型数据库管理系统之一，在 Web 应用方面，MySQL 是最好的关系数据库管理系统（Relational Database Management System，RDBMS）应用软件之一。MariaDB 数据库管理系统是 MySQL 的一个分支，主要由开源社区维护，采用 GPL 授权许可的 MariaDB 目的是完全兼容 MySQL，包括其 API 和命令行，使之能轻松成为 MySQL 的代替品。

MySQL 是一种关系型数据库管理系统。关系数据库将数据保存在不同的表中，而不是将所有数据放在一个大仓库内，这样就增加了速度并提高了灵活性。

23.2.2 安装 MySQL

要安装 MySQL 必须获得它的安装文件，其最新版本可以从其官网下载，如图 23-1 所示。

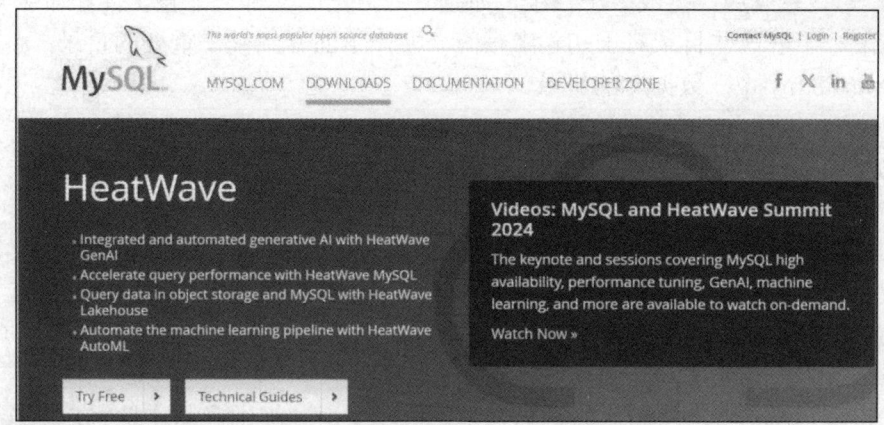

图 23-1　MySQL 官网下载

如果不知道系统是否已经安装了 MySQL 或已经安装了何种版本，可通过下面的命令进行查询：

[root@localhost ~]#rpm -qa | grep mysql

或者用 yum 命令查询：

[root@localhost ~]# yum list installed|grep mysql

MySQL 的安装与所有 Linux 下服务器的软件安装方法类似，一般其安装有两种：RPM 软件包安装和源代码安装。选择不同的安装源，安装的方法也有所区别，但相同的是这两种安装都必须以 root 登录。

在 openEuler 系统中，使用 yum 命令安装 MySQL 服务的步骤如下：

（1）服务器端的安装。

在 shell 环境下，安装 MySQL 服务器端，可以输入以下的 yum 命令安装服务：

[root@localhost ~]# yum install mysql-server

安装完成后，启动 MySQL 服务：

[root@localhost ~]#systemctl start mysqld

设置 MySQL 服务开机自启：

[root@localhost ~]#systemctl enable mysqld

服务端已经安装完成。运行 netstat 命令查看 MySQL 的端口（MySQL 默认的端口是 3306）是否打开，如果打开则表示服务已经启动，安装成功：

[root@localhost ~]#netstat -nat

上面查询结果显示 MySQL 服务已经启动。

（2）客户端的安装。

客户端的安装与服务器端的安装类同，输入以下 yum 命令进行安装：

[root@localhost ~]# yum install mysql

23.2.3 配置 MySQL

1. MySQL 目录介绍

MySQL 安装完成后,生成多个目录,而且它的数据库文件、配置文件和命令文件都不在同一个目录下。了解这些目录对于初学者很有必要,下面介绍几个重要的目录:

(1) /var/lib/mysq/:数据库的目录。

(2) /usr/bin:相关命令,包括有 mysql、mysqladmin、mysqldump 等命令。

(3) /etc/my.cnf:编辑 MySQL 的配置文件。

2. 设置 root 用户密码

MySQL 安装完成后,默认会自动创建两个数据库:其中一个用于管理用户、主机与服务器数据库权限;另一个是测试数据库(Test Database)。刚安装完 MySQL 时,只有 MySQL 管理员(即 root 用户)才能首次访问 MySQL 数据库服务器。必须注意的是,此用户(root 用户)不同于 Linux 系统的 root 用户。

默认情况下,root 用户初始化的密码为空,所以使用 root 用户从本地客户端连接 MySQL 时,只需输入命令 mysql 即可,如下所示:

```
[root@localhost ~]# mysql
Welcome to the MySQL monitor.  Commands end with ; or \g.
....

Type 'help;' or '\h' for help. Type '\c' to clear the current input statement.

mysql>
```

由此可见这种状态很不安全,所以必须修改 MySQL 管理员 root 用户的密码。

查看当前的密码策略:

```
mysql> SHOW VARIABLES LIKE 'validate_password%';
+--------------------------------------+--------+
| Variable_name                        | Value  |
+--------------------------------------+--------+
| validate_password.changed_characters_percentage | 0      |
| validate_password.check_user_name    | ON     |
| validate_password.dictionary_file    |        |
| validate_password.length             | 8      |
| validate_password.mixed_case_count   | 1      |
| validate_password.number_count       | 1      |
| validate_password.policy             | MEDIUM |
| validate_password.special_char_count | 1      |
+--------------------------------------+--------+
8 rows in set (0.00 sec)
mysql>
```

修改密码策略(以下示例中的值可以根据需求调整):

```
mysql>SET GLOBAL validate_password.policy='LOW';
mysql>SET GLOBAL validate_password.length=6;
mysql>SET GLOBAL validate_password.mixed_case_count=1;
```

然后使用 ALTER USER 语句修改密码：

mysql>alter user 'root'@'localhost' identified by '123456';

在上面的命令中，将 root 用户密码修改为"123456"。该密码修改后，立即生效。现在已经不能直接用 mysql 命令连接了，必须输入密码才能登录。

现在以管理员 root 身份连接到本机的 MySQL，按 Enter 键后，系统提示"Enter password"，接下来在后面输入密码即可：

[root@localhost ~]#mysql- u root- p
Enter password:
...
mysql>

如果已经对 MySQL 服务器的 root 用户设置了密码，现在又想更改，可以再次使用以下命令更改密码：

mysql>set password for root@localhost = '111111';
mysql>

3．备份和恢复数据库

用 show databases 命令可以列出安装的数据库清单。执行命令如下：

mysql> show databases;

打开数据库 mysql：

mysql>use mysql;
mysql> select host,user,password_lifetime from user;

以上步骤如果都能看到相关信息，则表示 MySQL 完全可以正常工作了。执行 exit 或 quit 命令退出 MySQL：

mysql> quit
Bye

创建一个学生数据库 db_stu，包括学生表 t_stu 和成绩表 t_score。

使用 create database 命令创建数据库：

mysql> create database db_stu character set utf8;
Query OK, 1 row affected, 1 warning (0.01 sec)
mysql>show databases;
mysql>use db_stu;

可以使用 drop database 命令删除数据库，再用 create database 重新创建，用 use 打开数据库：

mysql>drop database db_stu;
mysql>create database db_stu character set utf8;
mysql>use db_stu;

用 create tables 命令创建学生表：

mysql>create table t_stu(xh int not null auto_increment,xm char(10),primary key(xh));

用 drop table 命令删除表，再用 create table 创建表：

mysql>drop table t_stu;
mysql>create table t_stu(xh int,xm char(10),primary key(xh));

```
mysql>insert into t_stu values(1, '张三');
mysql>insert into t_stu values(2, '李四');
mysql>insert into t_stu values(3, '王五');
mysql> select * from t_stu;
+----+--------+
| xh | xm     |
+----+--------+
|  1 | 张三   |
|  2 | 李四   |
|  3 | 王五   |
+----+--------+
3 rows in set (0.00 sec)
mysql>
```

用同样的方法创建成绩表：

```
mysql> create table t_score(xh int,score int);
mysql> insert into t_score values(1,580);
mysql> insert into t_score values(2,635);
mysql> insert into t_score values(3,520);
mysql> select * from t_score;
+------+-------+
| xh   | score |
+------+-------+
|    1 |   580 |
|    2 |   635 |
|    3 |   520 |
+------+-------+
3 rows in set (0.00 sec)
```

关联两张表，查询显示学号、姓名、成绩：

```
mysql>show tables;
mysql>select t_score.xh,t_stu.xm,t_score.score from t_score inner join t_stu on t_score.xh=t_stu.xh;
+------+--------+-------+
| xh   | xm     | score |
+------+--------+-------+
|    1 | 张三   |   580 |
|    2 | 李四   |   635 |
|    3 | 王五   |   520 |
+------+--------+-------+
3 rows in set (0.00 sec)
mysql>
```

可以使用"mysqldump -u 用户名 -p 数据库名 > 导出的文件名.sql"语句来备份数据库：

```
[root@localhost ~]# mysqldump -u root -p db_stu>db_stu.sql
Enter password:
[root@localhost ~]# ls -l db_stu.sql
-rw-r--r--. 1 root root 2527  8月  9 00:17 db_stu.sql
```

导入数据时，注意 MySQL 文件包含创建数据库的语句，请确保在执行导入之前数据库必须存在，不存在将会失败。如果文件包含创建表的语句，则应确保表不存在或者是空的，以免导入数据时发生冲突。

```
[root@localhost ~]# mysql -u root -p db_stu<db_stu.sql
Enter password:
[root@localhost ~]# mysql -u root -p
Enter password:
mysql>show databases;
mysql>use db_stu;
mysql>show tables;
```

上述结果显示导入数据成功。

还可以通过 MySQL 中的 source 导入数据：

```
mysql>create database stu_score;
mysql>use stu_score;
mysql>source db_stu.sql
```

练 习 题

1. 熟悉数据库，如学生库及表的创建、删除、数据插入命令。
2. 完成数据的备份与恢复操作。

实验 24　BIND DNS 服务器

24.1　实 验 内 容

24.1.1　实验目的

（1）熟悉 BIND（Berkeley Internet Name Domain，伯克利互联网域名系统）DNS 的安装和配置。
（2）熟练操作 BIND DNS 服务器的正向区域和反向区域的配置。
（3）使用 BIND DNS 命令行工具（dig，nslookup）验证 DNS 服务器的域名解析。

24.1.2　实验环境

（1）打开 VirtualBox。
（2）启动 openEuler 虚拟机。
（3）使用 PuTTY 远程登录 openEuler 虚拟机。

24.1.3　实验要求

（1）安装和配置 BIND DNS 服务器。
（2）验证 BIND DNS 配置文件的正确性。

24.2　实 验 指 导

24.2.1　DNS 概述

1. 正向解析与反向解析

当 DNS 客户机向 DNS 服务器提交域名查询地址，或 DNS 服务器向另一台 DNS 服务器提交域名查询地址时，DNS 服务器作出响应的过程称为正向解析。反之，当 DNS 客户机向 DNS 服务器提交通过 IP 地址查询域名，DNS 服务器作出响应的过程称为反向解析。DNS 服务器请求域名查询时有两种方式。

（1）递归查询。递归查询（递归解析）是默认的 DNS 解析方式。在这种解析方式中，如果客户端配置的本地名称服务器不能解析，则后面的查询全由本地名称服务器代替 DNS 客户端进行查询，直到本地名称服务器从权威名称服务器中得到了正确的解析结果，然后由本地名称服务器告诉 DNS 客户端查询的结果。

（2）迭代查询。DNS 服务器收到客户机的请求后，若没有查到，则将请求发给根域 DNS 服务器，并依序从根域查到顶级域，从顶级域查到二级域，再从二级域查到三级域，以此类推直至找到要解析的地址或域名，然后向客户机所在网络的 DNS 服务器发出应答信息，DNS 服务器收到信息后转发给客户机。如果最终都没有找到所需的信息，则向客户机返回错误信息。

2. DNS 服务类型

（1）主域名服务器（Primary、Master）负责维护域中的域名服务信息，本身具有向客户机提供域名解析的功能。管理员需要配置正向解析文件、反向解析文件等相关信息。

（2）辅助域名服务器（Secondary、Slave）不需要配置正向解析与反向解析的数据库文件。辅助域名服务器的正向解析与反向解析数据库是从主域名服务器中复制得来的。辅助域名服务器的作用是分担主域名服务器的查询负担，提供域名查询的稳定性和可靠性。

（3）缓存域名服务器（Caching）不配置域名解析数据库文件，也不从主域名服务器中同步其数据库信息。当本地 DNS 客户机有查询请求时，它会向某个远程 DNS 服务器转发查询请求。

3. BIND DNS

BIND DNS 是一个功能丰富的 DNS 服务器，它完全符合互联网工程任务组 DNS 标准和草案标准。

该软件在 DNS 领域具有重要地位，是目前世界上使用最为广泛的 DNS 服务器软件之一，涉及的配置文件如下：

（1）主服务器程序：named.service。
（2）全局配置文件：/etc/named.conf。
（3）区域配置文件：/etc/named.rfc1912.zones。
（4）正向区域模板文件：/var/named/named.localhost。
（5）反向区域模板文件：/var/named/named.loopback。
（6）区域解析文件默认存放目录：/var/named/。
（7）配置文件语法验证文件：/usr/sbin/named.checkconf。

24.2.2 安装 BIND DNS 服务器并进行基本的配置

先查看系统是否安装 DNS 软件包：

[root@localhost ~]# yum list installed | grep bind bind-utils

如果没有安装，则在 shell 环境中输入下列命令，安装 bind 和 bind-utils 软件包：

[root@localhost ~]# yum install -y bind bind-utils

输入下列命令设置 BIND 服务器为自动启动：

[root@localhost ~]#systemctl enable named

输入下列命令启动 BIND 服务，并查看启动状态：

[root@localhost ~]#systemctl status named
[root@localhost ~]#systemctl start named

24.2.3 BIND 基本配置

1. 全局配置文件 named.conf

首先对全局配置文件进行设置，编辑配置文件/etc/named.conf，找到以下配置进行修改：

（1）listen-on：指定 DNS 要监听的 IP 地址和端口号，默认为 UDP 的 53 号端口。
（2）listen-on-v6：指定 DNS 要监听的 IPv6 地址和端口号。

（3）allow-query：此选项配置允许请求 DNS 解析的主机。
（4）allow-query：配置哪些 IP 地址和范围客户端可以查询此 DNS 服务器。
（5）allow-recursion：定义 BIND 接受递归查询的 IP 地址和范围。

其中/var/named 为区域数据文件存放的位置。

用 vi 编辑器编辑/etc/named.conf 文件，并在 options 语句中进行以下更改：

```
[root@localhost ~]#vi /etc/named.conf
...
options {
        listen-on port 53 {   any};
        listen-on-v6 port 53 { any};
        directory       "/var/named";
        dump-file          "/var/named/data/cache_dump.db";       #用于指定缓存数据库文件
        statistics-file "/var/named/data/named_stats.txt";        #用于指定状态文件
        memstatistics-file "/var/named/data/named_mem_stats.txt";
        secroots-file    "/var/named/data/named.secroots";
        recursing-file   "/var/named/data/named.recursing";
        allow-query      {any;};
forwarders {
  192.168.10.1;
        };
...
```

默认情况下，BIND 通过从根服务器递归查询到权威 DNS 服务器来解析查询，或者可以将 BIND 配置为将查询转发到其他 DNS 服务器。在这种情况下，需添加一个带有 BIND 应该转发查询的 DNS 服务器的 IP 地址列表的 forwarders 语句。

做转发器时需要把全局配置中的 dnssec-enable 和 dnssec-validation 两个配置项全部改为"no"，转发的类型有全局转发和局部转发。

（1）全局转发：将所有本地没有通过 zone 定义的区域查询请求，全部转给某转发器，其语法如下：

```
options {
forwarders { 0.0.0.0; };      #指明转发器是谁
     forward only 或 first;      /*only 表示仅转发；first 表示首先转发，如果没查询到结果，那么它自己还会根据根提示向外迭代查询*/
    };
```

例如，本机不能解析时首先转发给 192.168.10.1 进行解析，如果转发器不响应，则自行迭代查询。froward only 表示仅转发，如下：

```
forward first;
forwarders {
192.168.10.1;
223.5.5.5;
8.8.8.8;
114.114.144.114;
};
```

（2）局部转发：仅转发对某特定区域的解析请求，其语法如下：

```
zone {
forwarders { ip; };          #指明转发器是谁
forward only 或 first;        /*only 表示仅转发；first 表示先进行转发，如果没查询到结果，那么它自己还会根据根提示向外迭代查询*/
};
```

示例如下：

```
[root@localhost ~]#vi /etc/named.rfc1912.zones
zone "test.cn" IN {
    type forward;
    forward only;
    forwarders { 8.8.8.8; };
};
```

如果转发器服务器没有响应，则 BIND 会以递归方式解析查询。如要禁用此行为，可添加"forward only;"语句。

2．区域配置文件：/etc/named.rfc1912.zones

设置某测试域名为 test.cn，配置 www.test.cn 的正向解析并进行验证。

编辑 etc/named.rfc1912.zones 文件，在末尾添加如下配置信息：

```
[root@localhost ~]#vi etc/named.rfc1912.zones
...
zone "test.cn" IN{
    type master;
    file "test.cn.zone";

};

zone "10.168.192.in-addr.arpa"{
    type master;
    file "192.168.10.zone";
};
```

其中 test.cn.zone 为正向解析区域文件，192.168.10.zone 为反向解析区域文件。

24.2.4　BIND 正向解析实例

1．复制正向模板文件

进入/var/named 目录，默认情况下有正向配置模板文件 named.localhost，可以进行复制：

```
[root@localhost ~]#cd /var/named
[root@localhost named]# ls named*
named.ca   named.empty   named.localhost   named.loopback
[root@localhost named]#cp named.localhost test.cn.zone
```

2．修改区域配置文件

修改/var/named/test.cn.zone 文件，添加如下配置信息：

```
[root@localhost named]#vi test.cn.zone
```

```
$TTL 1D
@       IN SOA    @ test.cn. (
                                    0         ; serial
                                    1D        ; refresh
                                    1H        ; retry
                                    1W        ; expire
                                    3H )      ; minimum
            NS          @
            A           127.0.0.1
            AAAA        ::1

            NS          dns.test.cn.
dns         A           192.168.10.10
www         A           192.168.10.10
web         CNAME       www.test.cn.
ssh         A           192.168.10.244
```

24.2.5　BIND 反向解析实例

1．复制反向配置模板文件

进入/var/named 目录，默认情况下有正向配置模板文件 named.localhost，可以进行复制。

```
[root@localhost ~]#cd /var/named
[root@localhost named]# ls named*
named.ca   named.empty   named.localhost   named.loopback
[root@localhost named]#cp named.loopback 192.168.10.zone
```

2．修改区域配置文件

修改/var/named/192.168.10.zone 文件，添加如下配置信息：

```
[root@localhost named]#vi 192.168.10.zone
$TTL 1D
@       IN SOA    @ test.cn. (
                                    0         ; serial
                                    1D        ; refresh
                                    1H        ; retry
                                    1W        ; expire
                                    3H )      ; minimum
            NS          @
            A           127.0.0.1
            AAAA        ::1
            PTR         localhost.

            NS          dns.test.cn.
70          PTR         dns.test.cn.
70          PTR         www.test.cn.
70          PTR         web.test.cn.
244         PTR         ssh.test.cn.
```

3. 区域文件配置正确性检查

运行如下命令检查配置文件的正确性：

[root@localhost named]# named-checkzone zonename test.cn.zone
zone zonename/IN: loaded serial 0
OK
[root@localhost named]# named-checkzone zonename 192.168.10.zone
zone zonename/IN: loaded serial 0
OK

检查通过。

24.2.6 区域文件的归属组设置

1. 启动 named 服务

修改/etc/resolv.conf 文件，将 nameserver 修改为 192.168.10.10，然后启动 named 服务：

[root@localhost ~]#vi /etc/resolv.conf
Generated by NetworkManager
nameserver 192.168.10.10
[root@localhost ~]#systemctl start named

2. 通过 nslookup 命令测试是成功解析

[root@localhost named]# nslookup www.test.cn 192.168.10.10
Server: 192.168.10.10
Address: 192.168.10.10#53
** server can't find www.test.cn: SERVFAIL

3. 修改区域文件的归属组

配置正常，启动 named 服务也没有报错，为何解析失败，并出现"**server can't find www.test.cn: SERVFAIL"的错误信息？经排查，是因为 test.cn.zone、192.168.10.zone 文件是在 root 下进行复制的，相较于其他文件，其归属组由 named 变成 root，发生了改变，所以需要通过 chown 进行修改：

[root@localhost named]# ls -l
...
-rw-r-----. 1 root   named   152   9月   29 08:00 named.localhost
-rw-r-----. 1 root   named   168   9月   29 08:00 named.loopback
...
-rw-r-----. 1 root   root   348   10月   23 02:08 test.cn.zone
[root@localhost named]# chown root:named test.cn.zone
[root@localhost named]# chown root:named 192.168.10.zone

4. 重新启动 named 服务

重新启动 named 服务的命令如下：

[root@localhost named]#systemctl restart named

5. 重新解析测试

通过 nslookup 命令进行测试：

[root@localhost named]# nslookup ssh.test.cn 192.168.10.10
Server: 192.168.10.10

```
Address:        192.168.10.10#53
Name:   ssh.test.cn
Address: 192.168.10.244

[root@localhost named]# nslookup 192.168.10.244 192.168.10.10
244.10.168.192.in-addr.arpa     name = ssh.test.cn.
```

也可通过 dig 命令进行测试：

```
[root@localhost named]# dig web.test.cn @192.168.10.10
; <<>> DiG 9.16.23 <<>> web.test.cn @192.168.10.10
...
;web.test.cn.                   IN      A

;; ANSWER SECTION:
web.test.cn.            86400   IN      CNAME   www.test.cn.
www.test.cn.            86400   IN      A       192.168.10.10
...
[root@localhost named]#
```

24.2.7 客户端测试

使用 DNS 客户端程序验证配置的正确性。假设当前 Windows 主机的 IP 地址为 192.168.10.244，DNS 服务器的 IP 地址是 192.168.10.10。

在 Windows 的"命令提示符"下进行正向解析测试，输入下列命令验证配置的正确性。

```
C:\>nslookup web.test.cn 192.168.10.10
服务器:  www.test.cn
Address:  192.168.10.10
名称:    www.test.cn
Address:  192.168.10.10
Aliases:  web.test.cn
C:\>
```

当出现以下输出信息时，表示 DNS 服务器配置并解析正确：

```
名称:    www.test.cn
Address:  192.168.10.10
Aliases:  web.test.cn
```

在 Windows 的"命令提示符"下进行反向解析测试，输入下列命令验证配置的正确性：

```
C:\>nslookup 192.168.10.244 192.168.10.10
服务器:  dns.test.cn
Address:  192.168.10.10
名称:    ssh.test.cn
Address:  192.168.10.244
C:\>
```

当出现以下输出信息时，表示 DNS 服务器配置并解析正确：

```
名称:    ssh.test.cn
Address:  192.168.10.244
```

在 Linux 下的测试类似。

如果打开了防火墙，则还需要进行相应设置，开放相应的端口：

```
[root@localhost named]#systemctl start firewalld
[root@localhost named]#firewall-cmd --permanent --add-service=dns
[root@localhost named]# firewall-cmd --permanent --add-port=53/udp
[root@localhost named]# firewall-cmd --reload
[root@localhost named]# firewall-cmd --list-all
[root@localhost named]#
```

练 习 题

1. 如何使用 ping 命令来检查域名？
2. 如何使用 nslookup 命令来检查域名？

实验 25　Apache HTTP 服务器

25.1　实验内容

25.1.1　实验目的

（1）熟悉 Apache HTTP 的安装和配置。
（2）掌握 httpd 的基本配置。
（3）掌握 WordPress 综合应用的安装。

25.1.2　实验环境

（1）打开 VirtualBox。
（2）启动 openEuler 虚拟机。
（3）使用 PuTTY 远程登录 openEuler 虚拟机。

25.1.3　实验要求

（1）安装和配置 Apache HTTP 服务器，添加一个静态 HTML 页面。
（2）安装 WordPress，在浏览器中验证服务器的正确性。

25.2　实验指导

25.2.1　Apache HTTP 服务器概述

Apache HTTP 是一个开源的、跨平台的免费 Web 服务器，可以在大多数计算机操作系统中运行，由于其跨平台性和安全性的特点被广泛使用，是最流行的 Web 服务器端软件之一。它支持最新的 HTTP/2 协议、IPv6 新技术，可通过简单的 API 扩充，将 Perl、PHP、Python 等解释器编译到服务器中。

25.2.2　Apache 安装配置

1．安装 Apache

在 shell 命令后提示符下，输入下列命令，安装 Apache httpd 服务：

[root@localhost ~]#yum -y install httpd

2．开机自启动

开机自启动设置如下：

[root@localhost ~]# systemctl enable httpd

3. 开启服务

开启服务命令如下：

[root@localhost ~]# systemctl start httpd

4. 查看服务状态

查看服务状态命令如下：

[root@localhost ~]# systemctl status httpd

状态显示正在运行。

5. 本地访问测试

本地访问测试命令如下：

[root@localhost ~]#curl localhost
<!DOCTYPE html PUBLIC "-//W3C//DTD XHTML 1.1//EN" "http://www.w3.org/TR/ xhtml11/DTD/xhtml11.dtd">
<html xmlns="http://www.w3.org/1999/xhtml" xml:lang="en">
…

返回以上信息则说明访问成功。

6. 外部访问测试

通过 ip addr 命令显示 IP 地址信息：

[root@localhost ~]#ip addr show

假设主机 IP 为 192.168.10.10，通过外部的浏览器地址栏输入该 IP，观察是否能够访问网页。如果无法访问，则需要在服务器的防火墙进行以下设置：

[root@localhost ~]#firewall-cmd --permanent --add-port=80/tcp
[root@localhost ~]#firewall-cmd --reload

然后外部主机的浏览器重新访问，由于缺省 /var/www/html/ 目录下没有文件，按照 /etc/httpd/conf.d/welcome.conf 的配置显示如图 25-1 所示界面，表示 Apache 服务成功启动。

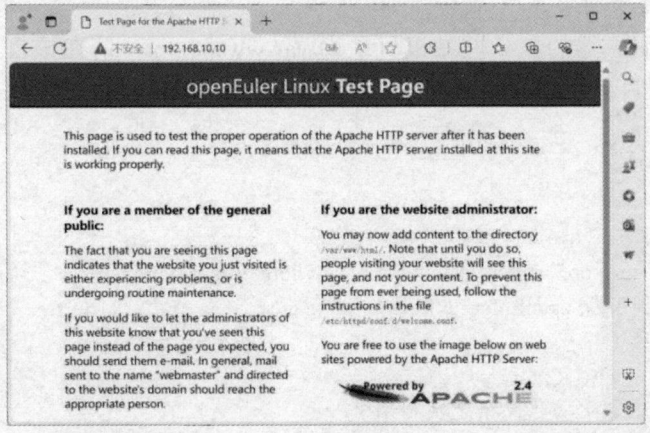

图 25-1 Apache 网站默认页面

25.2.3 配置 Apache 服务

1. Apache 常见配置文件

Apache 常见的配置文件及目录如下：

（1）/etc/httpd：服务目录。

（2）/etc/httpd/conf/httpd.conf：主配置文件。

（3）/var/www/html：网站数据目录。

（4）/var/log/httpd/access_log：访问日志。

（5）/var/log/httpd/error_log：错误日志。

（6）/etc/httpd/conf.d：附加模块配置目录。

（7）/etc/httpd/modules：模块文件路径链接。

（8）/etc/httpd/log：默认日志文件链接。

2．httpd.conf 配置文件

用 vi 编辑器打开配置文件/etc/httpd/conf/httpd.conf，配置文件中存在三种类型的信息：注释行信息、全局配置、区域配置。

常用的参数及作用如下：

（1）ServerRoot：服务目录 ServerRoot "/etc/httpd"。

（2）Listen：端口监听，监听的 IP 地址与端口号 Listen 192.168.10.10:80 或 Listen 80。

（3）User：运行服务的用户 User apache。

（4）Group：运行服务的用户组 Group apache。

（5）ServerAdmin：管理员邮箱 ServerAdmin root@localhost。

（6）DocumentRoot：网站根目录 DocumentRoot "/var/www/html"。

（7）ErrorLog：错误日志 ErrorLog "logs/error_log"。

（8）LogLevel：日志级别(debug, info, notice, warn, error, crit,alert, emerg)。

（9）AddDefaultCharset：字符集 AddDefaultCharset UTF-8。

（10）Include：用于加载安全套接层（Secure Socket Layer，SSL）配置目录 Include conf.modules.d/*.conf。

3．修改默认网页文件

Apache HTTP 服务器的默认网站根目录为/var/www/html，请在该目录下编辑 index.html 文件。下面在网站根目录下编辑文件/var/www/html/index.html，输入下列内容：

```
<!DOCTYPE html>
<html lang="en">
<head>
    <meta charset="UTF-8">
    <meta name="viewport" content="width=device-width, initial-scale=1.0">
    <title>欢迎来到华为 openEuler 的世界！</title>
</head>
<body>
    <h1>开启 openEuler 操作系统之旅。</h1>
</body>
</html>
```

4．重启 httpd 服务

重启 httpd 服务命令如下：

```
[root@localhost ~]# systemctl restart httpd
```

5．测试网站效果

在外部浏览器中输入 Apache HTTP 服务器的地址，如 192.168.10.10，显示如图 25-2 所示，表示 Apache HTTP 服务器能够提供正确的服务。

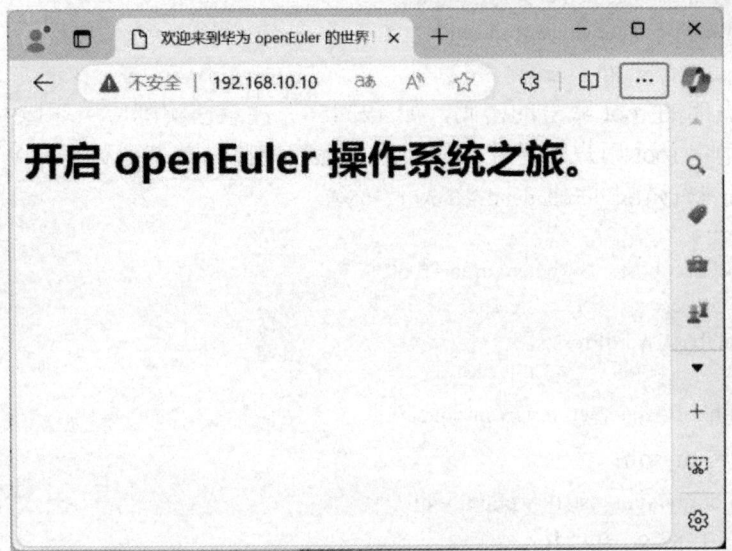

图 25-2　网站访问效果

25.2.4　安装 WordPress

1．程序下载

在 WordPress 官网下载安装源码，也可以在中文官网下载中文版。

[root@localhost html]# wget https://cn.wordpress.org/latest-zh_CN.zip

2．解压缩配置

通过 unzip 命令将压缩包解压缩，然后将 wordpress 目录下的所有文件及目录复制到 /var/www/html 目录下：

[root@localhost html]#unzip latest-zh_CN.zip
[root@localhost html]#rm index.html
[root@localhost html]#cp -R wordpress/* .

3．安装 PHP 和 MySQL

由于 wordpress 开发语言为 PHP，所以需要安装 PHP，同时数据存储需要安装 MySQL 数据库，安装命令如下：

[root@localhost html]#yum -y install php
[root@localhost html]#php -v
PHP 8.0.30 (cli) (built: May　7 2024 20:11:27) (NTS)
Copyright (c) The PHP Group
Zend Engine v4.0.30, Copyright (c) Zend Technologies
[root@localhost html]#yum -y install mysql
[root@localhost html]#systemctl restart httpd

接下来安装 MySQL 数据库：

```
[root@localhost html]#yum -y install mysql-server
[root@localhost html]#yum -y install mysql
[root@localhost html]#systemctl enable mysqld
[root@localhost html]#systemctl start mysqld
[root@localhost html]#mysql
```

修改登录数据库的 root 账号的密码，如 123456。注意在实际应用环境中请设置强密码。在数据库内部，确保 root 用户有足够的权限进行远程连接，并创建数据库 WordPress：

```
mysql>alter user 'root'@'localhost' identified by '123456';
mysql>use mysql;
mysql>update user set host = '%' where user ='root';
mysql>flush privileges;
mysql>create database WordPress;
mysql>exit
[root@localhost html]#systemctl restart mysqld
```

安装 PHP 扩展 mysqli：

```
[root@localhost html]#yum install -y php-mysqli
```

防火墙设置，开放 80 和 3306 端口：

```
[root@localhost html]#firewall-cmd --add-port=80/tcp --permanent
[root@localhost html]#firewall-cmd --add-port=3306/tcp --permanent
[root@localhost html]#firewall-cmd --reload
```

4. 安装 WordPress

从 wp-config-sample.php 复制新的配置文件 wp-config.php，并对参数进行如下修改：

```
[root@localhost html]# pwd
/var/www/html
[root@localhost html]# cp wp-config-sample.php wp-config.php
[root@localhost html]#vi wp-config.php
...
/** WordPress 数据库名称 */
define( 'DB_NAME', 'WordPress' );
/** 数据库用户名 */
define( 'DB_USER', 'root' );
/** 数据库密码 */
define( 'DB_PASSWORD', '123456' );
/** 数据库主机 */
define( 'DB_HOST', '192.168.10.10' );
/** 创建表时使用的数据库字符集 */
define( 'DB_CHARSET', 'utf8' );
...
```

由于将 wordpress 复制到了 /var/www/html/ 根目录下，假设服务器 IP 地址为 192.168.10.10，则应用访问地址为 http://192.168.10.10。在浏览器地址栏输入以上地址，然后显示如图 25-3 所示的安装界面。

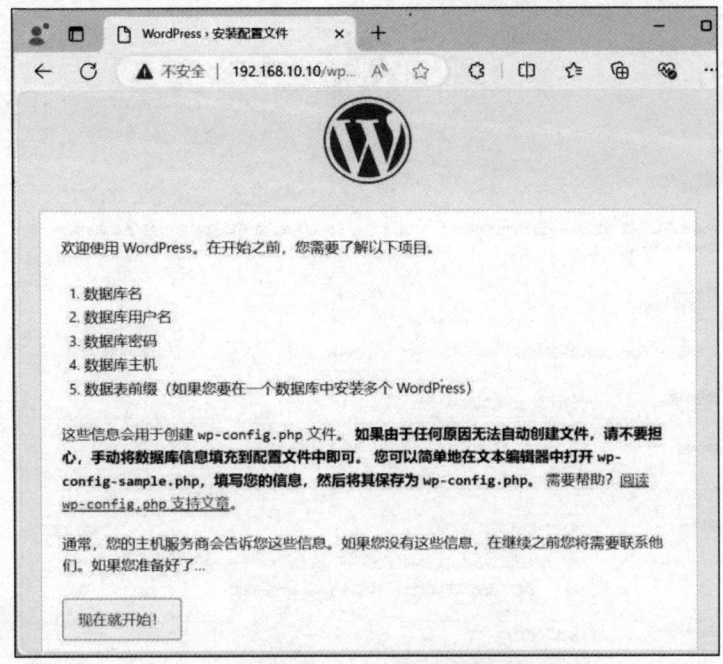

图 25-3　WordPress 安装首页

单击"现在就开始!"按钮进行 WordPress 安装。设置用户名为 root，密码为 123456，数据库名、主机及表前缀均为默认值，然后单击"提交"按钮，如图 25-4 所示。

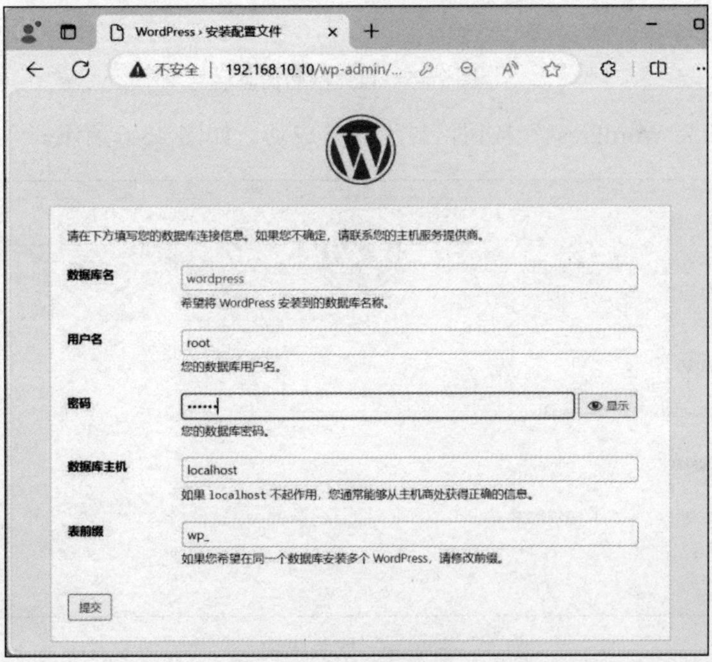

图 25-4　设置数据库信息

设置站点标题，如"WordPress 测试网站"。设置后台登录的用户名和密码等信息，如图 25-5 所示。

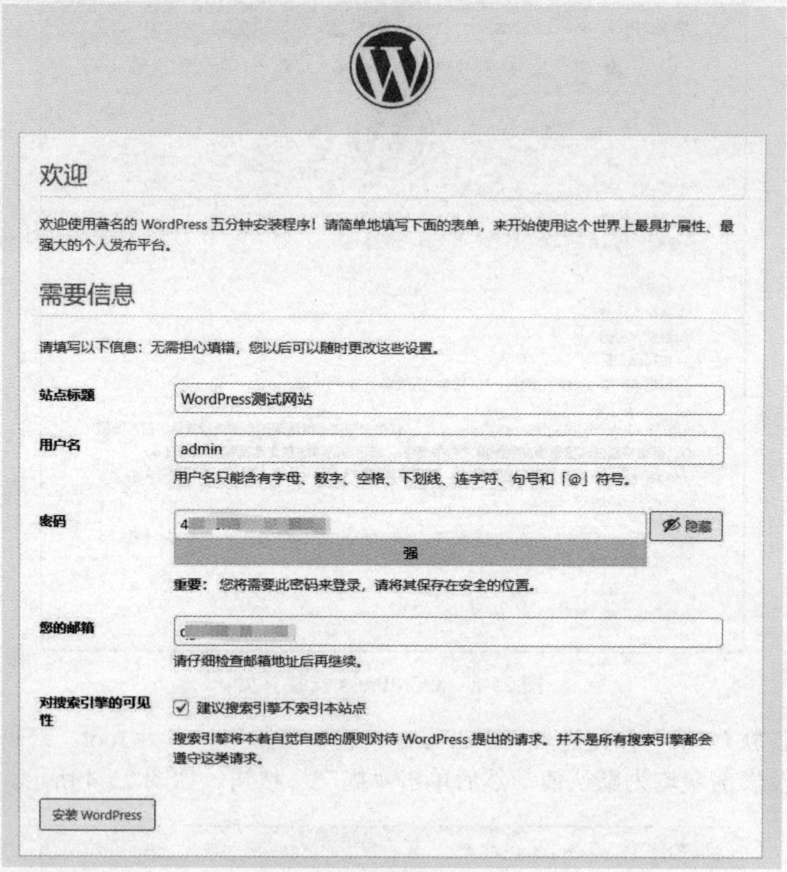

图 25-5　设置网站信息

然后单击"安装 WordPress"按钮，显示安装成功。如图 25-6 所示。

图 25-6　安装成功

5. 登录后台

单击"登录"按钮，输入账号、密码后进入管理后台，如图 25-7 所示，可对网站进行管理。

实验 25　Apache HTTP 服务器

图 25-7　WordPress 网站管理后台

6．访问 WordPress 网站

在浏览器地址栏直接输入地址 192.168.10.10，进入 WordPress 网站前台，如图 25-8 所示。

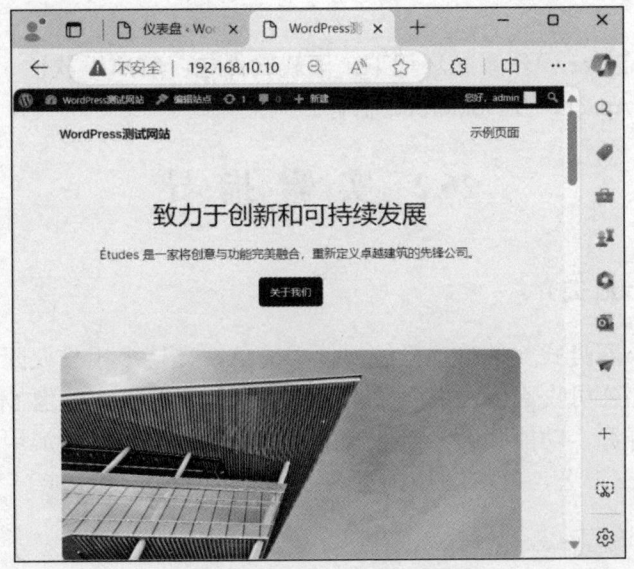

图 25-8　WordPress 网站前台

练　习　题

在虚拟机中安装并运行 WordPress。

实验 26　网盘的安装

26.1　实验内容

26.1.1　实验目的

Nextcloud 是一款开源免费的私有云网盘系统，使用它可以快速便捷地搭建私有网盘，从而实现跨平台、跨设备文件的同步、共享等功能。网盘的搭建涉及数据库的安装、PHP 软件的安装、Apache 软件的安装以及其他依赖软件的安装等，是一个综合性的软件集成实验。

26.1.2　实验环境

（1）打开 VirtualBox。
（2）启动 openEuler 虚拟机。
（3）使用 PuTTY 远程登录 openEuler 虚拟机。
（4）Windows 客户机访问。

26.1.3　实验要求

掌握如何在 openEuler 操作系统环境下，下载软件包、解压缩软件、安装和配置数据库，以及部署基于 PHP、Apache 的 Nextcloud 私有云网盘系统。

26.2　实验指导

26.2.1　Nextcloud 简介

Nextcloud 是一个网盘式文件管理系统，使用简单，支持多用户权限管理，多客户端。它是在 owncloud 被其他公司收购后，由创始人团队创立的新分支，就像 MySQL 和 MariaDB。

Nextcloud 完全开源，功能强大，能够自由更改主题，无限制增加用户，有一个完善的应用中心（有在线 Office 办公，PDF 在线浏览，图片缩略图浏览等功能）。

26.2.2　安装的流程

安装流程分为安装基础工具、下载 Nextcloud 安装包、安装 Apache Web 服务器、安装 PHP、安装 MySQL 数据库、防火墙设置、安装 Nextcloud 应用、结果验证几个阶段。

26.2.3　安装基础工具

如果没有安装基础工具，则需要执行以下命令进行安装：

```
[root@localhost ~]#yum -y install unzip wget
```

26.2.4 下载 Nextcloud 安装包

在 Nextcloud 官网下载 Nextcloud 软件包，用 wget 命令下载其下地址如下：

[root@localhost ~]#wget https://download.nextcloud.com/server/releases/latest.zip

26.2.5 安装 Apache 服务器

步骤 1　执行以下命令，安装 Apache Web 服务器：

[root@localhost ~]#yum install -y httpd

步骤 2　启动 Apache 网络服务：

[root@localhost ~]#systemctl enable httpd
[root@localhost ~]#systemctl start httpd

26.2.6 安装 PHP

步骤 1　执行以下命令，重置并安装 PHP：

[root@localhost ~]#yum -y install php php-common

步骤 2　安装 PHP 所需模块：

[root@localhost ~]#yum install -y php-zip php-dom php-mbstring php-gd php-mbstring php-pdo php-mysqlnd

步骤 3　启动 php-fpm 或者启动 httpd：

[root@localhost ~]#systemctl start php-fpm

步骤 4　验证 PHP 安装版本：

[root@localhost ~]# php -v

步骤 5　验证 PHP 安装模块：

[root@localhost ~]#php -m

26.2.7 安装 MySQL 数据库

步骤 1　安装 MySQL 数据库：

[root@localhost html]#yum -y install mysql-server
[root@localhost html]#yum -y install mysql
[root@localhost html]#systemctl enable mysqld
[root@localhost html]#systemctl start mysqld
[root@localhost html]#mysql

步骤 2　修改登录数据库的 root 账号的密码，如 123456。注意在实际应用环境中请设置强密码。在数据库内部，确保 root 用户有足够的权限进行远程连接，并创建数据库 NextCloud：

mysql>alter user 'root'@'localhost' identified by '123456';
mysql>use mysql;
mysql>update user set host = '%' where user ='root';
mysql>flush privileges;
mysql>create database NextCloud;
mysql>exit
[root@localhost ~]#systemctl restart mysqld
[root@localhost ~]#

26.2.8 防火墙设置

对防火墙进行设置,开放 80 和 3306 端口:

[root@localhost ~]#yum -y install firewalld
[root@localhost ~]#systemctl start frewalld
[root@localhost ~]#firewall-cmd --add-port=80/tcp --permanent
[root@localhost ~]#firewall-cmd --add-port=3306/tcp --permanent
[root@localhost ~]#firewall-cmd --reload

26.2.9 安装 Nextcloud 应用

步骤 1 解压缩 Nextcloud 软件包:

[root@localhost ~]#unzip latest.zip

步骤 2 复制文件夹至 Apache Web 服务器的根目录/var/www/html/:

[root@localhost ~]# cp -R nextcloud/* /var/www/html

步骤 3 创建数据文件夹:

[root@localhost ~]# mkdir /var/www/html/data

步骤 4 更改 apache 用户和组对 nextCloud 文件夹的读写权限:

chown -R apache:apache /var/www/html

步骤 6 重启 Apache:

[root@localhost ~]#systemctl restart httpd

26.2.10 结果验证

假定服务器的 IP 地址为 192.168.10.10,在本地浏览器地址栏中输入 http://192.168.10.10,系统登录界面如图 26-1 所示。

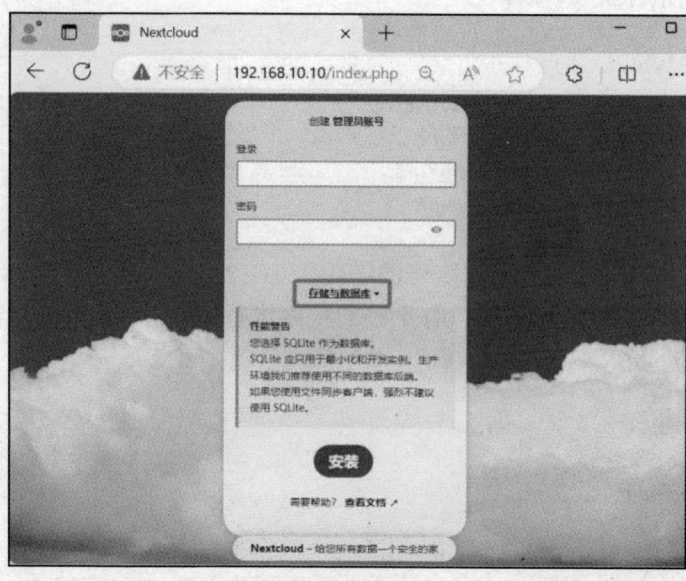

图 26-1 登录界面

输入自定义的管理员用户名 admin 和密码 123456。默认情况选择的是 SQLite 数据库,如果要使用文件同步客户端,则单击"存储与数据库"进行相应设置,如图 26-2 所示。

图 26-2　创建管理员账号

数据目录设置为/var/www/html/data,然后单击 MySQL/MariaDB,进行相应设置(图 26-3),数据库账号为 root,密码为 123456,数据库名称为 NextCloud,数据库主机为 192.168.10.10。

图 26-3　数据库设置

最后单击"安装"按钮,接下来选择是否安装推荐的应用,如果当前不安装,则选择"跳过"(以后再安装),如图 26-4 所示。

图 26-4　跳过推荐应用安装

稍作等待,系统初始化完毕后,进入网盘主界面,默认进入"仪表盘",如图 26-5 所示。

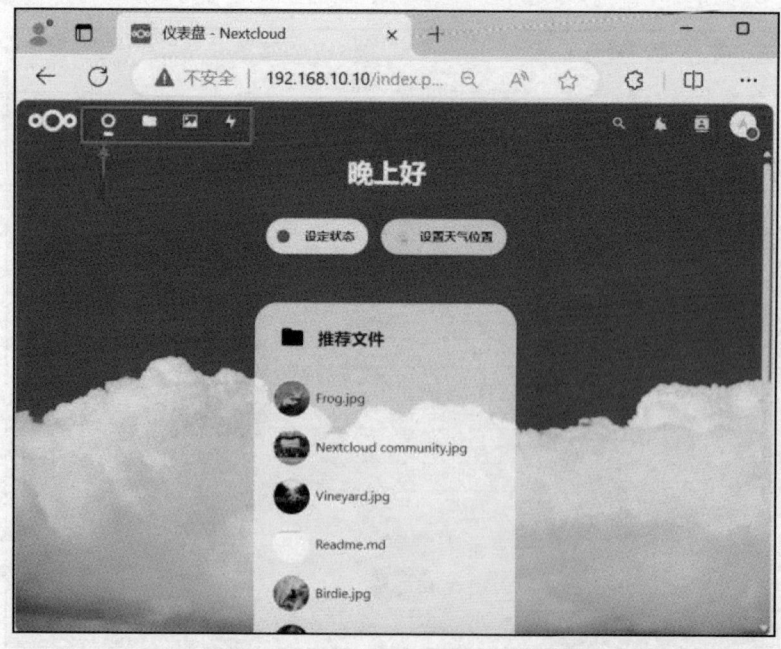

图 26-5　网盘主界面

进入系统后，单击"文件"按钮，如图 26-6 所示。在个人文件中，测试是否可以创建文件夹，以及是否可以上传和下载文件。至此，验证网盘系统已经正确安装，功能正常。

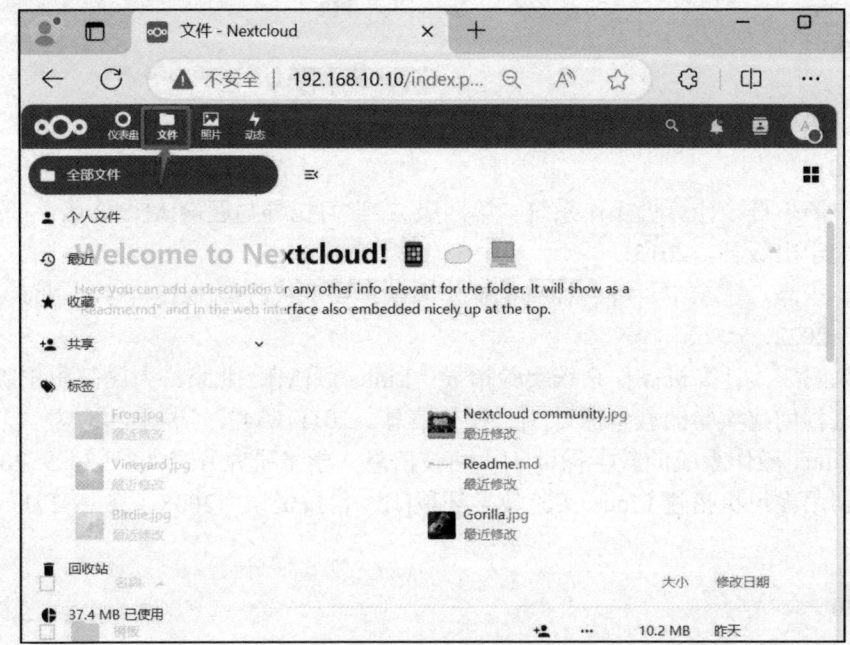

图 26-6　网盘的文件界面

练 习 题

在虚拟机中安装 Nextcloud，并运行使用。

参 考 文 献

[1] 汤小丹，梁红兵，哲凤屏，等. 计算机操作系统[M]. 4版. 西安：西安电子科技大学出版社，2014.
[2] 梁红兵，汤小丹. 计算机操作系统（第四版）：学习指导与题解[M]. 3版. 西安：西安电子科技大学出版社，2015.
[3] 郁红央，王磊，王宁宁，等. 计算机操作系统：微课视频版[M]. 4版. 北京：清华大学出版社，2022.
[4] 郑然，庞丽萍. 计算机操作系统实验指导：Linux版[M]. 北京：人民邮电出版社，2014.
[5] 秦光. 进程创建实验的教学探讨[J]. 科技信息，2011（34）：294，296.
[6] 秦光. Linux操作系统的教学探讨[J]. 科技信息（学术研究），2008（34）：203-204.
[7] 秦光. 利用虚拟机搭建Linux实验教学环境[J]. 科技资讯，2008（36）：171.